Seleção participativa de materiais geneticos superiores de mandioca na produção de raizes e rendimento em farinha nas regiões de Macapá e Mazagão.

JOSE ADRIANO MARINI

Seleção Participativa de materiais genéticos superiores de mandioca

"As opiniões, hipóteses e conclusões ou recomendações expressas neste material são de responsabilidade dos autores e não necessariamente refletem a visão da FAPEAP"

Seleção Participativa de materiais genéticos superiores de mandioca

Copyright © 2019 José Adriano Marini

All rights reserved.

ISBN: 9781695347175

Seleção Participativa de materiais genéticos superiores de mandioca

CONTENTS

	Agradecimentos	i
1	Sistemas de Produção	6
2	Pesquisas participativas com cultivares de mandiocas	29
3	Descrição das regiões produtoras trabalhadas no projeto	48
4	Sistemas de Produção	60
5	Processo de Seleção Participativa	69
6	Resultados	79

Seleção Participativa de materiais genéticos superiores de mandioca

AGRADECIMENTOS

O autor agradece ao apoio financeiro da Fundação para o Amparo à Pesquisa do Amapá – FAPEAP e ao CPNq que possibilitaram a realização deste trabalho..

Seleção Participativa de materiais genéticos superiores de mandioca

Seleção participativa de materiais genéticos superiores de mandioca na produção de raízes e rendimento em farinha nas regiões de Macapá e Mazagão.

Este projeto, pensado pela EMBRAPA Amapá e apoiado financeiramente pela Fundação de Amparo à Pesquisa do Amapá e a pretende mudar o cenário produtivo nas comunidades rurais do estado, por meio de ações de seleção de materiais de mandiocas mais produtivos em raízes e com melhores rendimentos em farinha.

O elemento inovador na proposta apresentada é a junção de forças de várias instituições que atuam no referido setor, tendo como Unidades Âncoras a Embrapa Amapá, financiamento da Fundação de Ampararo à Pesquisa do Amapá e como colaboradores o SEBRAE/AP e o RURAP (serviço estadual de extensão rural). Atuando com sua magnífica capacidade de articulação, expertises gerencias e o aporte de recursos, as ações desenvolvidas pelo grupo irão potencializar os resultados das equipes técnicas da Embrapa, que estão excepcionalmente estimulada mudar a realidade atual das comunidades rurais do estado.

Com a participação dos produtores rurais e alunos das Escolas Famílias Agrícolas neste novo processo de difusão de tecnologia, em que eles ajudaram a programar o melhor conjunto de técnicas para a sua região e que lhes de o maior retorno dos lucros, é esperada uma adoção mais rápida dos conhecimentos tecnológicos indispensáveis para o desenvolvimento da cultura da mandioca.

O objetivo deste trabalho foi assim selecionar, de forma participativa com os agricultores familiares e alunos das Escolas Famílias, variedades de mandioca superiores qualitativa e quantitativamente, adaptadas aos sistemas de produção da agricultura familiar e que atenda as demandas quantitativas do mercado local

As principais contribuições cientificas ou tecnológicas da proposta foram a indicação de ao menos 5 cultivares de mandioca utilizadas em diferentes sistemas de produção praticados pelas agriculturas familiares, com maior capacidade de resposta as inovações pensadas aos sistemas de produção, e que atenda às necessidades qualitativas e quantitativas do mercado, auxiliando assim as políticas de desenvolvimento econômico do Estado no arranjo estrutural da Produção de Alimentos.

APRESENTAÇÃO

A mandioca é a cultura de subsistência mais explorada no Estado do Amapá mas, apesar de dispor de condições de clima e solo suficientemente adequados, as produções não ultrapassam ao rendimento médio de 10.000 kg/ha de raiz.

Sendo essa cultura de grande importância, não somente como alimento, mas, também, como fonte alternativa de energia, há a necessidade de se obter um incremento de produtividade a curto prazo, através de estudo de sistemas de produção abordando também a Seleção Participativa onde os produtores, em conjunto com técnicos da Extensão Rural e Pesquisadores da Embrapa decidirão as melhores cultivares a serem adotadas que, além de atender as necessidades qualitativas do sistema produtivo, também possibilitarão aumentos quantitativos tanto na produção de raízes quanto no rendimento em farinha.

1. **SISTEMAS DE PRODUÇÃO**

    A. **Sistema de Produção**

O sistema de produção é composto pelo conjunto de sistemas de cultivo e/ou de criação no âmbito de uma propriedade rural, definidos a partir dos fatores de produção (terra, capital e mão-de-obra) e interligados por um processo de gestão. A partir dos conceitos de interação e complexidade, os sistemas de produção são classificados pela complexidade e pelo grau de interação entre os sistemas de cultivo e/ou de criação, que formam tais sistemas de produção.

Em relação a sua complexidade, os sistemas de produção podem ser classificados como: **a) Sistema em monocultura ou produção isolada:** ocorre quando, em uma determinada área, a produção vegetal ou animal se dá de forma isolada em um período específico, que normalmente é categorizado por um ano agrícola. Como exemplo de monocultura, tem-se o cultivo de soja intercalado por períodos de pousio, durante vários anos, na mesma gleba.

b) Sistema em sucessão de culturas: ocorre quando se tem a repetição sazonal de uma sequência de duas espécies vegetais no mesmo espaço produtivo, por vários anos. Por exemplo, em uma determinada gleba, pode ser adotado um sistema de sucessão soja-trigo, sendo o cultivo da soja na primavera/verão e do trigo no outono/inverno, por vários anos.

c) Sistema em consorciação de culturas ou policultivo: ocorre quando duas ou mais culturas ocupam a mesma área agrícola em um mesmo período de tempo. Como exemplo, o produtor pode adotar um sistema consorciado com o feijão cultivado nas entrelinhas do milho, mais comum em áreas de agricultura familiar.

d) Sistema em rotação de culturas: ocorre por meio da alternância ordenada, cíclica (temporal) e sazonal de diferentes espécies vegetais em um espaço produtivo específico. Por exemplo, em uma gleba podem ser adotados durante seis anos, três ciclos de um sistema de rotação de culturas de dois anos, em que, no primeiro ano tem-se soja na primavera/verão e trigo no outono/inverno, enquanto no segundo ano tem-se milho na primavera/ verão e aveia ou girassol no outono/inverno. Ilustra-se, desse modo, que na rotação de culturas, em uma determinada estação, ocorre alternância de espécies vegetais nos diferentes anos.

e) Sistema em integração: ocorre quando sistemas de cultivo/criação de diferentes finalidades (agricultura ou lavoura, pecuária e floresta) são integrados entre si, em uma mesma gleba, com o intuito de maximizar o uso da área e dos meios de produção, e ainda diversificar a renda. Nesse contexto, destacam-se quatro possíveis tipos de sistemas integrados: lavoura-pecuária (Ex.: milho e braquiária ou girassol e braquiária). Nesses exemplos, é importante frisar que, caso a braquiária não seja utilizada para pastejo, e sim para outros fins, como por exemplo, a formação de palhada no sistema plantio direto (SPD), esse sistema de produção não se caracteriza como integração e sim como consórcio (item c);

- lavoura-floresta

(Ex.: soja nas entrelinhas do eucalipto);

- pecuária-floresta

(Ex.: gado sobre pastagem em reflorestamento de eucalipto);

- lavoura-pecuária-floresta

Interação entre sistemas de cultivo/criação conduzidos em diferentes

áreas físicas: ocorre quando se dá a interação entre sistemas de cultivo ou destes com os sistemas de criação, que estejam localizados em diferentes áreas do estabelecimento rural. Em relação aos resíduos da produção animal, o esterco produzido em uma área pode ser utilizado como fertilizante em outra gleba da propriedade, ocupada por lavoura ou por pastagem. Por sua vez, os produtos/resíduos da produção vegetal de uma gleba podem ser utilizados para a alimentação animal (Ex.: milho produzido para silagem; grãos fora das especificações e restos de processamentos da produção agrícola utilizados para a pecuária de corte e/ou leiteira). Este tipo de interação pode ser considerado de baixo sinergismo.

Interação entre sistemas de cultivo/criação conduzidos em um mesmo espaço físico: ocorre quando se dá a interação entre sistemas de cultivo ou destes com os sistemas de criação, que estejam localizados na mesma gleba ou talhão da propriedade, ou seja, é proveniente de sistemas de sucessão, rotação, consorciação ou integração. Nesse tipo de interação, uma espécie é influenciada direta ou indiretamente por outra espécie. Exemplos: 1) o nitrogênio oriundo da fixação biológica pelo cultivo anterior de uma espécie leguminosa, liberado no solo pela decomposição dos seus resíduos, e absorvido por outra cultura implantada na sequência; 2) a redução da incidência de mofo-branco na cultura do feijão cultivado em sucessão ou rotação com a braquiária; 3) a redução da população de nematoides no solo em sistema de rotação ou sucessão da soja com espécies do gênero *Crotalaria*. Este tipo de interação pode ser considerado de alto sinergismo.

B. Sistemas de Produção Familiar

Para Graziano da Silva (1999) o "novo mundo rural" é hoje um cenário onde misturam-se e interagem as atividades agrícolas e as não agrícolas como o turismo, pesca e artesanato, além de atividades que visam beneficiar e agregar valor aos produtos agrícolas antes de inseri-los nos mercados. Assim, o autor compreende que a agricultura familiar atual deve ser inserida em uma concepção mais ampla que apenas as atividades de plantio e colheita. Na realidade, não se constitui uma novidade a pluriatividade no meio rural. Novidade é a sua intensificação e diversificação numa sociedade em que novos bens de consumo são criados diariamente para atender as necessidades de um mercado segmentado. Nestes termos, até o cuidado ambiental passa a ser "produto" de desejo passível de geração de renda

Na Amazônia comumente utiliza-se o conceito de produção familiar rural, pois existem categorias que não são apenas agricultores e exercem atividades nas quais a agricultura é marginal, por exemplo, a pesca, o extrativismo vegetal, o trabalho na olaria ou o artesanato. Porém, esta problemática não está restrita à Amazônia. Utiliza-se, neste caso, também o termo de populações tradicionais, chamado de ribeirinho, caboclo, caipira, etc. (CONCEIÇÃO; MANESCHY, 2002; DIEGUES, 1998; CASTRO, 1997; HÉBETTE et al., 2002; LIMA, 1999). Mesmo as populações tradicionais, muitas vezes, durante vários séculos, produziram para a exportação e adaptaram-se de forma flexível às estratégias do mercado mundial, como mostra Homma (2001) no exemplo da Amazônia. Podemos considerar, a agricultura familiar, nestes casos, como um segmento da produção familiar rural.

As formas de produção praticadas pela agricultura familiar na Amazônia são baseadas em estruturas capazes de propiciar elevados níveis de sustentabilidade e elevados patamares de auto-suficiência alimentar. Os fatores de produção disponíveis ao produtor são os recursos naturais (solo, florestas, capoeira, rio, lago) e a força de trabalho. A combinação e uso desses fatores irão gerar o produto que pode circular no âmbito do sistema produtivo para reproduzir a unidade familiar e ambiental de produção. A produção para o autoconsumo é encontrada em todos os componentes do sistema produtivo e apresenta diversas funções, destacando-se como uma estratégia relacionada à segurança alimentar das unidades familiares. Os agricultores familiares na Amazônia produzem para si e para o mercado. No Circuito da Produção os produtos gerados são consumidos pela unidade de produção familiar mantendo e reproduzindo o sistema (família e ambiente). O produto excedente não consumido pode ser colocado no Circuito do Mercado gerando renda monetária, o que permitirá a aquisição de bens não produzidos pela unidade de produção. Nesse circuito, o produto é transformado em mercadoria, ou seja, além de Valor de Uso dotado Valor de Troca. O processo de comercialização remunera apenas parcialmente os recursos humanos e ambientais mobilizados no processo produtivo.

Parte destes é apropriada pelos agentes de comercialização e pela economia como um todo.

Os atores sociais reconhecidos como profissionais no processo de comercialização, genericamente denominados intermediários, se fixam principalmente na beira dos rios, nos portos das cidades, nas feiras do produtor, nos mercados municipais, e frequentemente em suas embarcações fluviais. As condições de comercialização, em geral, são desfavoráveis aos agricultores Noda et al. (2007) apresentam um quadro com uma aproximação tipológica dos compradores nas cidades e/ou que tem contato direto com os agricultores familiares:

a) Marreteiros: agente mais importante, dono do meio de transporte usado para movimentar os produtos.

b) Atravessadores: menor participação nos dias atuais. Estabelecem relações de "freguesia" com os agricultores familiares, baseadas no aviamento.

c) Feirantes: compram produtos dos agricultores familiares para a revenda em feiras. A venda realizada por agricultores diretamente nas feiras é atualmente pequena

d) Marchante: agente envolvido na compra de animais de grande porte (gado bovino e bufalino).

Apesar de os portugueses terem introduzido novas espécies de cultivo, como o arroz (Oryza sativa L.), a cana-de-açúcar (Saccharum officinarum L.) e o anil (Indigofera suffruticosa Mill.), além de animais domésticos, tal fato teve pouca relevância para a adaptação à floresta tropical. Cresce uma população mestiça herdeira da cultura tribal, na identificação de plantas e animais, no cultivo de roças de mandioca (Manihot esculenta Crantz), milho (Zea mays L.) e diversas outras plantas tropicais, na navegação pelos rios, no tipo de construções e utensílios. Esta população, do ponto de vista de adaptação cultural e ecológica, possui um modo de vida bastante semelhante ao dos indígenas, porém a estrutura social a qual está ligada é totalmente diversa.

As atividades dos agricultores familiares nas comunidades amazônicas são realizadas nas áreas de cultivo (roças e sítios), nas áreas de capoeira, na floresta, nos rios e lagos. Cada um destes ambientes funciona como componente de um sistema complexo onde a aplicação do trabalho humano permite a combinação da agricultura, criação de animais de pequeno porte com extrativismo animal (caça e pesca) e vegetal (NODA et al., 2006).

As representações dos esquemas de arranjos de usos dos solos e dos recursos naturais caracterizam os componentes do sistema de produção tradicional onde se encontram, segundo Noda (2007, p. 37):

> Um conjunto de espécies arbóreas frutíferas e outras de uso diverso nas imediações das moradias, percorrendo em direção as matas uma associação de bananeiras (Musa sp.) associadas a

espécies mais resistentes a inundações, denominado de "terreiro", "sítio" ou quintal". Manchas de cultivos com variedades precoces de mandioca e macaxeira (Manihot esculenta) em miscelânea com hortaliças, denominadas de "roças" ou "roçados". Áreas de reflorestamento com crescimento de vegetação natural denominados de "capoeira" oriundas do uso da técnica do pousio (descanso para encapoeirar). Zonas de vegetação natural denominadas "mata alta" ou "centro"

As unidades de paisagem são construídas por meio de processos de atuação humana sobre determinadas porções do espaço pelas atividades produtivas que proporcionam os meios para satisfazer as necessidades de consumo e comercialização desses agricultores familiares. O sistema de produção da agricultura familiar amazônida expressa níveis de complexidade no manejo dos recursos disponíveis e administração da força de trabalho familiar. Sua estrutura básica é constituída pelos componentes produtivos desenvolvidos nas áreas de cultivo (roças e sítios), nas áreas de capoeira (extrativismo vegetal e animal), na floresta (extrativismo vegetal e animal), nos rios e lagos (extrativismo animal – pesca) e nas proximidades das áreas de cultivo (criação animal). A geração de produtos dependerá, fundamentalmente, da quantidade de força de trabalho disponível (NODA et al, 2006; NODA, 2007)

Estes produtores agrícolas familiares adotam formas de produção que podem ser designadas como sistemas agroflorestais tradicionais. Geralmente estes produtores não praticam o monocultivo, sendo a mandioca e a banana os mais importantes componentes da roça ocorrendo, também outras espécies alimentares anuais e perenes em consórcios, principalmente com a mandioca, destacando-se o abacaxi, o cupuaçu e a pupunha. A condução destas atividades, comumente a partir de métodos rudimentares, normalmente vista como pouco práticos tem sua importância destacada por Costa (2001), quando menciona que "O fato de a agricultura itinerante ser ainda, provavelmente, o sistema de uso da terra mais importante na Amazônia, não só do ponto de vista econômico, já que se faz responsável por pelo menos 80% da produção de alimento total da região, mas também em função das pessoas que dela dependem direta ou indiretamente"

Apesar dessa notória importância na economia regional, a agricultura familiar provoca questionamentos sobre a viabilidade da agricultura de subsistência, em especial, nas áreas de fronteira, (KITAMURA, 1994). Também nesse sentido, Homma (1998) comenta que a agricultura itinerante tende agora a declinar, com a diminuição da expansão da fronteira agrícola devido às restrições aos desmatamentos, ao processo de consolidação dos polos de desenvolvimento e ao aumento da densidade demográfica cuja consequência é o aumento de demanda por alimento e a elevação de preços da terra.

Adicionalmente, a agricultura de pequena escala é ao mesmo tempo sensível e resiliente às condições do meio ambiente. Os agricultores familiares, ao dispor em geral de poucos recursos externos que possibilitem a transformação radical do meio ambiente e sua adaptação às exigências do mercado consumidor, ajustam seus esforços às restrições do meio ambiente.

Neste sentido, enquanto a agricultura de larga escala tende a transformar o meio ambiente para adequá-lo às suas condições de produção, a agricultura familiar tende a alocar seus recursos mais escassos (trabalho e capital) para melhor aproveitar as determinantes derivadas das condições ambientais. Isso não quer dizer que as respostas sejam sempre sustentáveis

Thomas Hurtienne coloca que pesquisas já revelaram a importância da capoeira para o clima local e como estoque de fertilidade, levando a uma visão diferenciada da agricultura itinerante. Para o autor há uma nova perspectiva da ecologia tropical, permitindo compreender a importância da capoeira com os seus sistemas de raízes profundas para a preservação do equilíbrio climático de regiões com grande relevância agrícola, como a Amazônia. (HURTIENNE, 1999,

2004). Apesar do fato de que cientistas previam o fim desta agricultura caracterizada como irracional e a desertificação do Nordeste paraense já nos anos 40 do século XX, a destruição irreversível não aconteceu. Ao contrário, a produção agropecuária nesta região aumentou. A agricultura itinerante se revelou como um sistema sustentável nesta região mais populosa do Pará. Possíveis alternativas que incluem a capoeira como elemento são: a) a tritura da capoeira; b) o enriquecimento da capoeira; c) uso da tração animal e destoca seletiva.

Para Oliveira et al. (2011), há décadas prevalecem nas fronteiras amazônicas dinâmicas de ocupação do espaço baseadas em formas agressivas de exploração do ambiente, às quais se associam vários problemas. As relações historicamente estabelecidas entre sociedade e natureza nessas áreas revelam a predominância de uma visão moderna que geralmente reduz os elementos naturais existentes a uma condição de "recursos" e de uma disputa pela posse e uso dos mesmos, tendo em vista os diferentes interesses que orientam os diversos atores locais. Isto ocorre, segundo os autores, no caso dos agricultores familiares, diferentemente de outros atores, a adoção dessa forma de exploração do meio natural baseada no desmatamento e consequentemente, sua participação no processo de transformação das paisagens não se orientou por uma visão da natureza enquanto geradora de lucro. Para os agricultores da fronteira, a importância da natureza estava na relação que estabeleciam entre a disponibilidade de matérias-primas e principalmente da terra e a garantia da reprodução social da família. No entanto, em inúmeros casos tal relação de dependência não colocou barreiras aos agricultores para utilizarem até a exaustão o meio natural de seus estabelecimentos agrícolas. As condições socioeconômicas desfavoráveis que caracterizavam a região no passado, sobretudo o quadro altamente instável da situação fundiária, limitavam a capacidade das famílias em desenvolver outras formas de exploração. Nessas bases, as estratégias eram definidas de maneira que a preservação do meio natural e a permanência no espaço eram colocadas em segundo plano ou até mesmo preteridas em nome da reprodução social (OLIVEIRA et al., 2011).

Os autores afirmam ainda que por se tratarem de migrantes, originários de outras regiões do país, com características diferentes, essas famílias não tinham experiência em lidar com o meio natural amazônico. O desconhecimento do valor de uso dos produtos da floresta, na maioria das vezes, reduzia o papel da mesma exclusivamente ao de reserva de nutrientes para a produção de roças. A relação estabelecida com o meio natural era, de certa forma, utilitarista, na medida em que o viam principalmente como fonte de recursos para o desenvolvimento das atividades produtivas que garantiam a subsistência e uso da família (extrativismo, agricultura, matérias-primas para construções, carvão etc.) (OLIVEIRA et al., 2011).

Nesse contexto de busca pela consolidação de uma agricultura mais sustentável, a diversificação dos sistemas de produção tem se constituído no carro-chefe das iniciativas de mudanças. Praticado historicamente por populações tradicionais, esse tipo de agricultura, baseado na diversificação e em sistemas mais complexos, não é algo necessariamente novo na Amazônia. Mesmo nas áreas de fronteira agrícola, onde o processo de simplificação dos sistemas foi mais incisivo, sistemas de produção diversificados já tinham lugar, sendo, porém, muitas vezes "sombreados" pela forma predominante de exploração voltada para a implantação de monocultivos de pastagens e manejo extensivo da pecuária de corte, para fins de exportação pecuária (OLIVEIRA et al., 2011).

Romeiro (1998b) argumenta que a dinâmica de uso da terra de parte dos agricultores familiares amazônicos é marcada pela lógica produtiva duplamente itinerante: itinerância interna e itinerância externa. Itinerância interna porque a grande maioria dos produtores tem a floresta como fonte principal de nutrientes para as culturas de ciclo curto. O processo de derruba e queima é o mecanismo pelo qual muitos agricultores obtêm os nutrientes que precisam por dois ou três anos de lavouras numa área que varia geralmente de 0.5 a 5 hectares. De maneira geral, quando a fase de expansão produtiva baseada no sistema de corte e queima encontra seus limites, a fase seguinte seleciona agricultores capitalizados (baseados em sistemas diversificados compostos por cultivos anuais, perenes e pecuária) que não irão compor um novo processo de itinerância externa, e agricultores descapitalizados (baseados em sistemas mais simplificados, sobretudo, agricultura anual de corte e queima) com demanda de nova itinerância externa, pois seus solos se esgotam e a terra disponível não é mais suficiente, do que resulta, frequentemente, o deslocamento progressivo para outras áreas, onde recomeçarão novo ciclo.

Como lembra Guanziroli et al. (2001), muitas vezes o esgotamento do potencial produtivo da terra não ocorre devido ao sistema de corte e queima, que se tiver áreas suficientes de regeneração causa impactos mínimos em comparação à agricultura química e mecanizada, mas devido ao adensamento populacional e consequente uso sucessivo que pressiona para utilização de áreas de pousio (capoeiras), sobretudo, com a introdução da pecuária extensiva, minando a capacidade dos solos de restabelecer seu potencial produtivo.

Costa (2000) critica a noção de que a agricultura familiar apenas "amansa a terra" e prepara o terreno para as fazendas de gado e os plantios de commodities exportáveis de grande escala que se seguem na fronteira agrícola. Nessa perspectiva, são reproduzidas as formas de evolução da fronteira agrícola em que as frentes da agricultura familiar em sistema de "corte e queima" esgotam suas possibilidades em uma área para, em seguida, se reproduzir em outra, sendo substituída nas áreas antigas por formas capitalistas de produção, as quais, ao assimilar o trabalho ali incorporado, procede uma nova acumulação primitiva. Nessa lógica, no entanto, os limites para a formação de capital mostram-se absolutos ao bloquear processos de mudanças inovações que rompem com os padrões da agricultura familiar itinerante de pousio longo.

A mais comum e tradicional forma de agricultura, tão adequada ao meio ambiente em outros contextos históricos, hoje se confronta com sérios problemas quanto aos fatores da sustentabilidade. Os atuais níveis de sustentabilidade agronômica, sócio-cultural e econômica desse sistema produtivo são de baixos a moderados, com baixos níveis de sustentabilidade ecológica. A intensidade tecnológica, tanto do ponto de vista de uso do conhecimento técnico-científico como de capital, é baixa, o que resulta em baixa produtividade por unidade de área, podendo, entretanto, responder com relativamente altas produtividades por unidade de capital e trabalho (SERRÃO, 1992).

O vínculo social da agricultura familiar com a terra se dá a partir da característica do trabalho familiar, estando a família envolvida nas diversas atividades produtivas, o que visa à reprodutibilidade física e social dos membros que a compõem. Ao chefe familiar, geralmente cabem a direção e o desempenho das atividades mais exigentes dos sistemas. Quanto à atividade da mulher, essa apresenta variações de uma unidade familiar para outra, pois pode estar presente nas tarefas de produção, ou ausente em grande número delas, restringindo-se a tarefas executadas no interior da própria casa e/ou no terreiro que lhe é contíguo. Como complementação ao modo de produção utilizada nesse sistema produtivo é inquestionável a importância da participação do trabalho infantil, já que está presente na ajuda às tarefas domésticas e às propriamente agrícolas.

Os grupamentos humanos encontrados no interior da Amazônia são frequentemente denominados "comunidades". O termo designa "núcleos domiciliares de parentelas que compartilham um espaço comum de moradia e desfrutam de áreas de pesca, coleta e de territórios próximos, nem sempre contíguos à comunidade, para o trabalho agrícola" (REIS; BLINDER, 2005). O termo tem sua origem em ações missionárias da igreja católica, iniciadas nos anos 60, e carrega a conotação de coletividade ligada às orientações do movimento popular católico. Apesar da conotação de comunhão que o termo comunidade evoca são comuns as divergências internas. Os grupamentos mantêm a organização baseada nas relações de parentesco entre famílias dominantes (mais antigas, numerosas ou prestigiadas) e as demais.

Para Wanderley (2001), o espaço rural é socialmente construído pelos seus habitantes, em função das relações fundadas nos laços de parentesco e de vizinhança, e isto tanto ao nível da vida cotidiana quanto do ritmo dos acontecimentos que determinam os ciclos da vida familiar, tais como nascimentos, casamentos e mortes e, ainda, no que se refere ao calendário das manifestações de ordem cultural e religiosa. Este é, fundamentalmente, o "lugar" da família, centrado em torno do patrimônio familiar, elemento de referência e de convergência, mesmo quando a família é pluriativa e seus membros vivem em locais diferentes.

Segundo Silvestro (2001), não existe atividade econômica na qual as relações familiares tenham tanta importância quanto na agricultura. A maior parte da agricultura contemporânea não se apoia na separação entre negócio e família, o local de residência geralmente se confunde com o local de trabalho. Nesta unidade indissolúvel de geração de renda que é a agricultura familiar, os filhos e filhas integram-se aos processos de trabalho desde muito cedo, e aos poucos, vão assumindo as atribuições de maior importância, eles chegam à adolescência dominando não só as técnicas, mas também os principais aspectos da gestão do estabelecimento. Sendo a família o elemento básico da gestão da produção e do trabalho, a produção e a reprodução do patrimônio e das pessoas integram-se em um processo único.

O trabalhador rural e sua família, de acordo com Witkoski (2007) são vistos como uma fonte de trabalho e de produção de valores de uso. O trabalhador é um agente econômico e o chefe de sua família, sua propriedade é uma unidade econômica de produção de valores de uso para si e para os membros de sua família. No espaço da propriedade, o produtor rural e sua família, inseridos no mesmo ambiente social, desenvolvem um estado de ser, uma forma de agir no cotidiano, que se revela no modo quando este sujeito age, na relação entre os meios e fins cortada por uma singular visão de mundo.

A vida social local é, assim, o resultado do entrelaçamento de relações sociais que atravessam o espaço local, atribuindo-lhe significados e integrando-o a redes de relações que se estendem por espaços sociais mais amplos e dentre as quais podem ser identificadas: as relações de parentesco e de vizinhança, que são a base da vida social local e cujo conteúdo é dado pelas necessidades do trabalho e da produção e pelas práticas de lazer e da vida religiosa; as relações de parentesco e de amizade, que se estendem em um espaço mais amplo, para além do espaço local, e que frequentemente têm origem nos processos de migração de membros da família e de vizinhos para áreas mais distantes; as relações "externas" que atraem os habitantes do campo, em caráter definitivo, para fora do espaço rural, provocando a migração para a cidade e, por conseguinte, o esvaziamento do meio rural e de sua vida social; as relações "externas" que se constituem no interior dos próprios espaços rurais e que o modificam profundamente, tanto no que se refere aos aspectos físicos da paisagem quanto às relações sociais locais, mas que não provocam necessariamente o seu esvaziamento se as condições que garantem sua animação forem preservadas (WANDERLEY, 2001). O que mais ameaça o dinamismo do meio rural é o êxodo de sua população, que se traduz pela perda direta e imediata da vitalidade social, representada pela saída em número expressivo de seus habitantes.

    O meio rural e sua população recebem, no Brasil, uma definição oficial muito particular, da qual decorrem consequências importantes para o dinamismo interno destas áreas. Aqui, toda sede municipal, independentemente da dimensão de sua população e dos equipamentos coletivos de que dispõe, é considerada cidade e sua população é contada como urbana. O meio rural corresponde ao entorno da cidade, espaço de habitat disperso onde predominam as paisagens naturais e os usos atribuídos às terras apropriadas, tradicionalmente, à produção agrícola ou os espaços improdutivos. Em consequência, o "rural" está sempre referido à cidade como sua periferia espacial precária e a vida da sua população depende, direta e intensamente, do núcleo urbano que a congrega. Seu habitante deve sempre deslocar-se para a cidade se quer ter acesso ao posto médico, ao banco, ao Poder Judiciário e até mesmo à Igreja paroquial. Assim, em razão da precariedade dos lugares de residência, propriamente rurais, a vida social das coletividades locais, inclusive em sua dimensão cotidiana, é "prolongada" nos espaços correspondentes às sedes municipais, nos quais, inclusive, muitos agricultores escolheram residir.

Isto acontece, de modo especial, nos pequenos municípios (cuja população total não ultrapassa 20 mil habitantes e que correspondem a 72,6% dos municípios brasileiros) (Clementino, s/d), tendo em vista que é neles que vive grande parte da população, rural do país, assim estes pequenos "centros urbanos" também se tomam parte integrante do mundo rural. O contato intermitente ou permanente dos "rurais" com cidades deste tipo nem sempre significa o acesso a uma efetiva e profunda experiência urbana, que se diferencie ou mesmo se oponha ao seu modo de vida rural, mas pode significar, simplesmente, a reiteração de uma experiência de vida rural menos precária.

Visto o meio rural em seu conjunto, a população que nele reside é constituída, em sua maioria, pelas pessoas que se relacionam em função da referência ao patrimônio familiar - vinculadas, portanto, às unidades familiares agrícolas — e aos laços de vizinhança - o que inclui os trabalhadores assalariados que permanecem no meio rural.

Apesar de este ser o quadro predominante na maioria das áreas rurais brasileiras, em diversas outras, a população rural tem hoje um perfil social distinto, nelas preponderando uma população que vem deixando as cidades para instalar-se no meio rural, especialmente a que tem origem efetivamente urbana. Isto acontece, sobretudo, lá onde o meio rural foi afetado pelos processos de descentralização econômica ou pode ser oferecido aos "urbanos" como um produto de consumo. Naturalmente, os habitantes das residências secundárias, bem como aqueles que o frequentam em busca de lazer (turismo rural e ecológico) não fazem parte da população rural. Porém, sua presença marcante, em uma determinada área rural, modifica profundamente não só a paisagem como também a natureza da vida social local, ao provocar o surgimento de novas ocupações (como caseiros e jardineiros), frequentemente recrutados entre os antigos moradores, e, ainda, ao afetar o ritmo de vida local, agora determinado pelo fluxo da população "de fora" nos finais de semana, nos feriados prolongados e nas férias, fluxo este gerador e multiplicador de novas atividades econômicas e de experiências de vida social que repercutem sobre o conjunto do município e não apenas sobre sua área rural diretamente beneficiada (WANDERLEY, 2001).

De um modo geral, as áreas onde a agricultura familiar é predominante correspondem às situações de maior intensidade da vida social local. Porém, este dinamismo depende, em grande medida, de fatores que estimulem a permanência, no meio rural, de um significativo contingente de "rurais", dentre os quais merecem destaque: as perspectivas favoráveis da produção agrícola local e de suas atividades correlatas (especialmente as vinculadas aos processos de transformação e de comercialização), que garantam um nível de renda socialmente adequado à família; e a oferta de empregos não agrícolas, no meio rural ou nas cidades próximas, de forma a gerar alternativas de ocupação para alguns membros da família e a favorecer a pluriatividade de outros. Esta situação pode ser encontrada tanto nas áreas rurais mais integradas à economia urbano-industrial (SCHNEIDER, 1999; TEDESCO, 1999; WORTMANN, 1995) quanto em áreas empobrecidas e tais como a que foi estudada por Afrânio Garcia no agreste paraibano (GARCIA JUNIOR et al., 2003). Trata-se, neste último caso, efetivamente, de camponeses pobres, cujas estratégias de sobrevivência passam, por um lado, pelas intensas e indispensáveis relações com o comércio local, representado, sobretudo, pelas feiras das pequenas cidades e por outro lado, pela migração temporária, inclusive para regiões distantes.

Há outra situação na qual a agricultura familiar é também predominante, porém em condições que lhe são desfavoráveis, que tendem a provocar o esvaziamento do meio rural e que são a consequência, entre outros fatores, da precariedade das condições de acesso aos bens e serviços coletivos básicos, da escassez ou empobrecimento dos recursos naturais disponíveis, da excessiva concentração da estrutura fundiária e da distância e dificuldade de acesso aos mercados.

C. A Agricultura Familiar no estado do Amapá

O universo agrário é extremamente complexo, seja em função da grande diversidade da paisagem agrária (meio físico, ambiente, variáveis econômicas, etc.), seja em virtude da existência de diferentes tipos de agricultores, os quais tem interesses particulares, estratégias próprias de sobrevivência e de produção e que, portanto, respondem de maneira diferenciada a desafios e restrições semelhantes. Na verdade, os vários tipos de produtores são portadores de racionalidades especificas que, ademais, se adaptam ao meio no qual estão inseridos, fato que reduz a validade de conclusões derivadas puramente de uma racionalidade econômica única, universal e atemporal que, supostamente, caracteriza o ser humano.

O Censo Agropecuário de 2006 é a maior e mais recente pesquisa estatística realizada no Brasil com a finalidade de produzir e disponibilizar exclusivamente informações sobre as características das atividades agropecuárias. Com periodicidade decenal, os dados são coletados diretamente em todos os estabelecimentos agropecuários, independente de seu tamanho, de sua forma jurídica, de empreender atividade comercial ou de subsistência, e de estar localizado em áreas rurais ou urbanas (IBGE, 2009).

2. PESQUISAS PARTICIPATIVAS COM CULTIVARES DE MANDIOCAS

Para Fukuda, 2000, a interação genótipo/ambiente constitui um dos fatores que afeta a seleção de variedades de mandioca com ampla adaptabilidade e estabilidade de produção em vários ambientes. Essa interação é mais significativa quando se considera o ambiente do pequeno agricultor, onde, além das variações de clima e solo, são acrescidas as variações de manejo do cultivo, que envolvem o preparo do solo, a utilização de adubos e o controle de pragas, doenças e plantas daninhas. No caso da cultura da mandioca, geralmente cultivada em pequenas áreas, com pouca ou nenhuma tecnologia, tais diferenças ocorrem mesmo entre lavouras situadas em um mesmo ecossistema.

A pesquisa participativa com variedades de mandioca nas propriedades dos agricultores, onde se avaliam as variedades geradas pela pesquisa, dentro dos sistemas de produção utilizados pelos agricultores e em maior diversidade de sistemas de cultivo, surge como uma das alternativas mais eficientes no sentido de selecionar variedades de mandioca adaptadas aos ambientes dos agricultores, com maior probabilidade de serem adotadas e incorporadas aos seus sistemas de produção. Em síntese, as principais vantagens do melhoramento participativo são: identificação, em conjunto com os agricultores, dos problemas que podem ser solucionados com a utilização de novas variedades; compartilhamento, com os agricultores, das decisões relativas aos objetivos e às características das novas variedades a serem geradas; validação, sob os diversos sistemas de cultivo, da adaptação geral e específica de um determinado genótipo; envolvimento do agricultor no processo de seleção das variedades oferecidas pela pesquisa; apropriação mais rápida, por parte dos agricultores, das variedades geradas; difusão dessas variedades entre os vizinhos; avaliação, juntamente com os agricultores, da utilidade das variedades já desenvolvidas; melhor conhecimento, por parte dos pesquisadores, dos sistemas de produção em uso pelos agricultores; estabelecimento de um canal de intercâmbio de experiências entre agricultores e pesquisadores, e redução do tempo despendido entre a geração e a adoção da nova variedade.

Os Princípios fundamentais da pesquisa participativa, segundo Haguette (1999) são:

a) a possibilidade lógica e política de sujeitos e grupos populares serem os produtores diretos ou associados do próprio saber que mesmo popular não deixa de ser científico;

b) o poder de determinação de uso e do destino político do saber produzido pela pesquisa, com ou sem a participação de sujeitos populares em suas etapas;

c) o lugar e as formas de participação do conhecimento científico erudito e de seu agente profissional do saber, no 'trabalho com o povo' que gera a necessidade da pesquisa, e na própria pesquisa que gera a necessidade da sua participação.

As pesquisas tendo como princípio único a geração de conhecimentos de especialistas, para serem transmitidos de forma vertical aos atendidos pelos seus resultados, assim como a própria transferência de tecnologia, vêm sendo questionadas em suas concepções e eficiências. Muitos agricultores sob este conceito de pesquisa, abandonaram o campo e desistiram de suas profissões, por cause de ideias muito bem pesquisadas mas completamente fora da realidade de quem as recebia e para quem eram destinadas. Isto se deveu as pesquisas por não considerarem, em algumas vezes, o contexto, a quem se destinavam, ou sua realidade, ou fatores que eram importantes aos mesmos, muitas vezes culturais, educacionais, sociais, ambientais ou econômicos. Outra razão forte para esta decadência da pesquisa tradicional é que os pesquisadores muitas vezes não retornavam os resultados de suas pesquisas aos seus objetos de estudo. O que é mais difícil de ocorrer em pesquisas feitas de forma participativa.

Barbier (1996) explica que a pesquisa participativa impõe a definição de uma estratégia de intervenção baseada na construção de relações mais democráticas entre os atores e Souza (2008) complementa que este processo dá ênfase nos processos e em trabalhos de campo contínuos.

Apesar dos esforços da pesquisa em todo o país, na seleção de novas variedades de mandioca com maior potencial produtivo e resistência a pragas e doenças, grande parte das variedades geradas e selecionadas não foram adotadas pelos produtores, e as variedades de mandioca mais comuns utilizadas atualmente, ainda são as mesmas que vem sendo plantadas na maioria das regiões durante anos seguidos. Isso indica que altos rendimentos e resistência a doenças e pragas não são suficientes para se lograr uma rápida adoção de variedades de mandioca, presume-se que as variedades de mandioca geradas não foram difundidas adequadamente ou se o foram, não foram bem aceitas pelos produtores.

Hernandez (1992a e 1 992 b) levantou algumas hipóteses para explicar essa baixa adoção das variedades de mandioca recomendadas, entre elas destacam-se o fato da seleção das variedades terem sido feitas exclusivamente nas estações experimentais, unicamente pelos melhoristas, chegando aos produtores apenas poucas alternativas promissoras, sob o ponto de vista do melhorista, e a falta de mecanismos de retro informação para os melhoristas sobre os critérios que o produtor usa para decidir pela adoção de uma variedade ou as características que os melhoristas usam para selecionar as variedades podem diferir das utilizadas pelos produtores. Dentro do esquema tradicional de melhoramento de mandioca as seleções iniciam-se com a definição dos problemas por parte dos pesquisadores os quais desenvolvem as novas variedades e as transferem aos extensionistas para a sua difusão nas etapas finais. Deste modo, os agricultores só dispõem de uma parte das alternativas que parecem ser as mais indicadas do ponto de vista do melhorista. O risco que se corre com este enfoque, consiste em excluir, por parte do pesquisador, variedades promissoras do ponto de vista do agricultor. Nesse caso, o agricultor tem um papel passivo, porque seus conhecimentos e demandas não são incorporados a este processo. Desta forma, a geração e difusão de variedades de mandioca tem sido unidirecional, não existindo uma retro informação entre os componentes envolvidos na geração, difusão e adoção da variedade.

FUKUDA et all (2007) reforça a ideia de que a experimentação em interação com agricultores tem vários objetivos, destacando-se o incentivo à implementação de trabalhos em parceria, envolvendo agricultores e pesquisadores no processo de desenvolvimento de tecnologias e a avaliação da performance das tecnologias sob uma ampla gama de condições edafoclimáticas, não disponíveis nas bases experimentais.

Segundo Coe e Franzel (2002), quanto mais frequente e mais cedo os agricultores são envolvidos nos processos de desenvolvimento da tecnologia, maior a probabilidade de adoção da mesma. Além disso, isto permite observar o comportamento da tecnologia sob condições reais de cultivo e estabelecer diagnósticos importantes sobre os problemas dos agricultores.

A opinião dos agricultores na seleção de novos clones gerados pela pesquisa é fundamental para o processo de adoção. Quando a opinião dos agricultores não é considerada dentro do processo de seleção das novas variedades, a tendência é a não adoção da tecnologia, considerando que cada agricultor tem seus próprios critérios de seleção de variedades e que esses critérios variam de acordo com a região e a forma de utilização do produto.

Pode-se dizer que os modelos participativos tendem a gerar maior eficiência nos processos e rotinas da organização possibilitando aos gestores delegar maior responsabilidade e funções aos colaboradores pois envolve processos educativos desenvolvidos de forma coletiva e tem como princípios: a construção de novos conhecimentos, a tomada de decisões conjuntas, a conscientização da realidade vivenciada, o conhecimento das possibilidades reais e concretas de encontrar caminhos de solução para problemas comuns, a definição de prioridades que serão objeto de trabalhos e a motivação para a ação. As estratégias gerais de ação da Pesquisa Participativa fundamentam-se no Método Paulo Freire baseados na investigação, tematização e problematização. A partir dos anos oitenta, com a concepção da sustentabilidade, a participação se tornou um conceito altamente popular e pré-requisito para projetos que almejavam apoio de entidades financiadoras. Consequentemente, vários modelos participativos de pesquisa e extensão rural foram formulados e experimentados neste período. (Pinheiro & De Boef, 2007).

A participação, como metodologia e concepção de trabalho é uma alternativa ao modelo produtivista que causou o afastamento dos agricultores dos processos de geração e adaptação de tecnologias. Através de metodologias participativas se busca mecanismos para compreender as situações complexas e diversas nas quais operam os agricultores, sobretudo na agricultura familiar, além de recuperar e introduzir os saberes e conhecimentos locais ou tradicionais na geração de tecnologias que contribuam à sustentabilidade, sem desprezar o conhecimento científico ou tecnológico (EMBRAPA, 2002).

O essencial aqui é que o processo de avaliação deve ser participativo, e deve envolver toda a comunidade e não só alguns grupos, para que a avaliação das necessidades e dos potenciais reflita o coletivo como um todo.

Desta forma a metodologia de Pesquisa Participativa em Melhoramento de Mandioca complementara a pesquisa tradicional, estabelecendo uma retroalimentação de informações entre: produtores, extensionistas e pesquisadores, maximizando a eficiência da seleção de variedades, assegurando maior aceitação e adoção dos clones melhorados.

Para HAGUETTE (2003), os termos "pesquisa-ação" e "pesquisa participante" têm a mesma origem, a Psicologia Social de Kurt Lewin, bem como possui alguns pontos em comuns como a crítica à metodologia da pesquisa tradicional do campo científico das Ciências Sociais, especialmente no que se refere à:

- Neutralidade;

- Recusa de aceitação do postulado de distanciamento entre sujeito e objeto de pesquisa, o que remete à necessidade não só da inserção do pesquisador no meio, como de uma participação efetiva da população pesquisada no processo de geração de conhecimento, concebido fundamentalmente como um processo de educação coletiva;
- Princípio ético de que a ciência não pode ser apropriada por grupos dominantes conforme tem ocorrido historicamente, mas deve ser socializada, não só em termos do seu próprio processo de produção como de seus usos, o que implica na necessidade de uma ação por parte daqueles envolvidos na investigação, no intuito de minimizar as desigualdades sociais nos seus mais variados matizes.

O autor classifica a Pesquisa-Ação quando é concebida e realizada em estreita associação com uma ação ou com a resolução de um problema coletivo. Os pesquisadores e participantes representativos da situação ou do problema estão envolvidos de modo cooperativo ou participativo. Por outro lado define Pesquisa Participante quando se desenvolve a partir da interação entre pesquisadores e membros das situações investigadas.

Outra classificação é dada por BARBIER (2006), que divide a pesquisa-ação em quatro tipos:

- Pesquisa-Ação Diagnóstico: procura elaborar planos de ação solicitados. A equipe de pesquisadores entra numa situação

existente (revolta racial, ato de vandalismo), estabelece o diagnóstico e recomenda medidas para sanar o problema;
- Pesquisa-Ação Participante: envolve, desde o início da pesquisa, os membros da comunidade estudada como, por exemplo, no projeto de pesquisa sobre o auto-exame das atitudes discriminatórias de uma comunidade;
- Pesquisa-Ação Empírica: consiste em acumular dados de experiências de trabalho diário em grupos sociais semelhantes. Esse tipo de pesquisa-ação pode levar de maneira gradual ao desenvolvimento de princípios mais gerais;
- Pesquisa-Ação Experimental: exige um estudo controlado da eficiência relativa de técnicas diferentes em situações sociais praticamente idênticas. É a que possui maior potencial para fazer progredir os conhecimentos científicos dentro da perspectiva da cientificidade tradicional.

Para DEMO (1995), os principais aspectos da estratégia metodológica da pesquisa-ação são:

- ✓ Há uma ampla e explícita interação entre pesquisadores e pessoas implicadas na situação investigada;
- ✓ Da interação resulta a ordem de prioridade dos problemas a serem pesquisados e das soluções a serem encaminhadas sob forma de ação concreta;
- ✓ O objeto de investigação não é constituído pelas pessoas e sim pela situação social e pelos problemas de diferentes naturezas encontrados nesta situação;

- O objetivo da pesquisa-ação consiste em resolver ou, pelo menos, em esclarecer os problemas da situação observada;
- Há, durante o processo, um acompanhamento das decisões, das ações e de toda a atividade intencional dos atores da situação;
- A pesquisa não se limita a uma forma de ação (risco de ativismo): pretende-se aumentar o conhecimento dos pesquisadores e o conhecimento ou o "nível de consistência" das pessoas e grupos considerados.

Novamente HAGUETTE (2003) vem afirmar que a pesquisa participante envolve um processo de investigação, de educação e de ação, todos com o objetivo de mudança ou transformação social

- Alguns elementos podem ser utilizados para definir a pesquisa participante:
    - A realização concomitante da investigação e da ação;
    - A participação conjunta de pesquisadores e pesquisados;
    - A proposta político-pedagógica a favor dos oprimidos (opção ideológica);

Outro autor, BRANDÃO (1999), postula que a pesquisa participante se apoia em três princípios fundamentais:

- A possibilidade lógica e política de sujeitos e grupos populares serem produtores diretos, ou pelo menos, participantes do próprio saber orgânico da classe, um saber que nem por ser popular deixa de ser científico e crítico. Um saber que oriente a ação coletiva e que,

justamente por refletir a prática do povo, seja plenamente crítico e científico, do seu ponto de vista;
- ✓ O poder de determinação de uso e do destino político do saber produzido pela pesquisa, tenha ela tido ou não a participação de sujeitos populares em todas as etapas;
- ✓ O lugar e as formas de participação do conhecimento científico erudito e de seu agente profissional do saber, no 'trabalho com o povo' que gera a necessidade da sua participação.

Para HAGUETTE (2003)m, a metodologia da pesquisa participante difere em vários sentidos da pesquisa convencional, conforme segue:

a) O objeto de pesquisa deve ser definido pela população interessada, considerada "pesquisadora", mediante a assessoria de um ou vários investigadores profissionais de fora da área, comprometidos com a causa popular;

b) Os pesquisadores profissionais devem tomar conhecimento da realidade na qual vão trabalhar através de estudos prévios, dados secundários e entrevistas com as lideranças locais;

c) A equipe de pesquisa é composta dos pesquisadores profissionais e da população interessada ou seus representantes;

d) O planejamento da pesquisa é elaborado pela equipe mista;

e) Os objetivos da investigação são definidos pela população interessada a partir dos temas que são prioritários para ela;

f) Não existe uma fase de "trabalho de campo" como na pesquisa tradicional, mas uma geração de conhecimento dentro da ação da pesquisa onde pesquisadores profissionais e população interessada se beneficiam mutuamente da experiência uns dos outros;

g) Em alguns casos são usadas as técnicas de coleta de dados da pesquisa convencional, como o questionário, a entrevista e a observação;

h) A análise dos dados é feita através de técnicas "dialogais" com a participação de todos;

i) Quando apenas alguns representantes da comunidade se incorporam à pesquisa, a equipe procede à "devolução" dos resultados através de reuniões amplas, pois se espera um efeito de *feedback* para validação dos dados;

j) Propostas de ação são definidas em função das necessidades da população;

k) A realidade pesquisada deve ser aquela identificada como de grupos oprimidos.

A Pesquisa-Ação e a Pesquisa participante devem ser avaliadas em função do que elas pretendem ser:

a) Um processo concomitante de geração de conhecimento por parte do polo pesquisador e do polo pesquisado;

b) Um processo educativo, que busca a Inter transmissão e o compartilhamento dos conhecimentos já existentes em cada polo;

c) Um processo de mudança, seja aquela que ocorre durante a pesquisa, que se denomina 'mudança imediata', seja aquela projetiva, que extrapola o âmbito e a temporalidade da pesquisa, na busca de transformações estruturais – práticas – que favoreçam as populações ou os grupos oprimidos.

Tem-se assim que:
- Objetivo das técnicas participativas - Promover a articulação qualificada dos conhecimentos de pesquisadores e agricultores
- Pesquisa participativa – superação do problema da produção do conhecimento científico mais como *produto* - fim em si mesmo - do que *processo* - um meio para chegar a alguma coisa ou algum lugar
- Pesquisa participativa não significa prescindir do conhecimento científico ou tecnológico
- Não se pode admitir nem o conhecimento científico como instrumento de dominação nem a valorização condescendente e paternalista do saber popular
- É preciso adotar princípios teórico-metodológicos que permitam valorizar o *saber local* como fonte de *conhecimento válido* sem, entretanto, desprezar a importância dos especialistas
- A *interdisciplinaridade* é condição para uma compreensão mais abrangente dos problemas, mas não se basta por si mesma; é preciso abrir-se para a *participação dos agricultores, seus conhecimentos e problemas*.
-

2.1 METODOLOGIA PARA SELEÇÃO PARTICIPATIVA

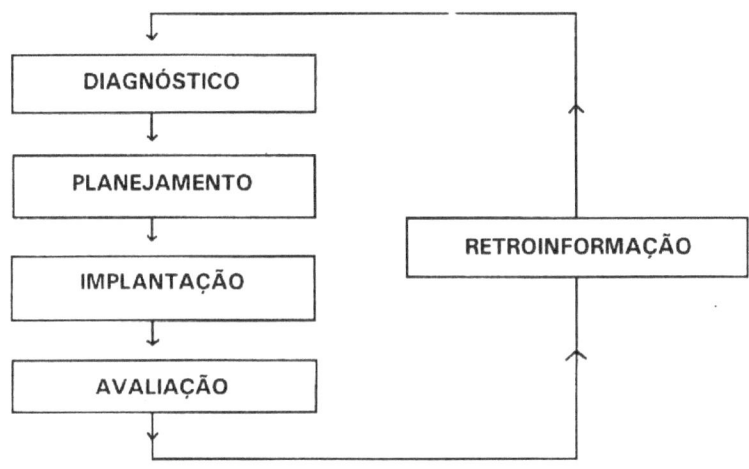

Diagnostico

O processo começa com um diagnóstico participativo com os produtores das comunidades que irão trabalhar com os processos de seleção, sobre o sistema produtivo em uso. Esse diagnóstico tem o objetivo de conhecer-se os problemas da região, focalizando o cultivo da mandioca, priorizando todos os aspectos de interesse para determinar a necessidade de provar-se novas variedades que justificasse a metodologia proposta.

Planejamento

Segue-se com a seleção daqueles produtores que demonstraram maior interesse nas provas com novas variedades, reconhecidos em suas comunidades como elementos disseminadores de novas tecnologias e localizados em regiões representativas da cultura da mandioca em termos de níveis de sistemas de produção, cultivos, solos, mercados e utilização. Os extensionistas de cada município exercem aqui um papel importante na seleção dos locais e produtores representativos de cada região.

Antes da instalação das provas é colocado para os produtores que iriam participar das mesmas os objetivos, benefícios e riscos, bem como as responsabilidades de cada um no decorrer do trabalho. Os produtores devem entender os benefícios para a comunidade de se selecionar uma nova variedade com maior potencial para atender as suas demandas. Por outro lado, há o risco de não se selecionar em um primeiro momento uma variedade capaz de superar a variedade local comumente utilizada. Assim, deve-se ter um compromisso assumido por parte dos produtores para participarem de todas as avaliações e de manter os experimentos com o mesmo manejo utilizado no seu plantio normal.

Os agricultores devem ser envolvidos em todos as etapas desde os plantios até as colheitas, tendo a liberdade de decidir quanto ao espaçamento, consorciação, posição das manivas no solo, manejo durante o ciclo e idades de colheitas. A função da pesquisa neste momento é determinar o número de variedades que serão trabalhadas com aquela determinada comunidade.

Avaliação

Normalmente realiza-se três avaliações durante o ciclo dos experimentos: inicial, intermediária e final. Essas avaliações são discriminadas como independentes quando feitas pelos pesquisadores e extensionistas, e conjuntas envolvendo produtores, extensionistas e pesquisadores. As informações obtidas podem-se classificar em quantitativas, predeterminada pelos melhoristas e qualitativas. Essa última se caracteriza por ser subjetiva e expressar a opinião do produtor. De acordo com a metodologia de pesquisa participativa em melhoramento de mandioca existem várias técnicas que se podem utilizar para avaliar tecnologias com produtores, normalmente com a finalidade de receber as informações de avaliações abertas, agronômicas e ordem de preferência das variedades.

Um livro de campo permite registrar e analisar, de forma prática, os dois tipos de informações (quantitativa e qualitativa), sistematizando os descritores necessários para a retroalimentação aos extensionistas e pesquisadores.

Retro informação

Durante essas avaliações deve-se estabelecer um diálogo constante com os produtores no sentido de identificar-se os principais critérios utilizados na adoção das variedades com o objetivo de retroalimentar-se o trabalho de melhoramento genético de mandioca dirigido para os produtores familiares e, no final, criar um ambiente de diálogo permanente onde os processos de seleção possam ser realizados de forma independente pelos agricultores, possibilitando a melhoria constante na genética das mandiocas cultivadas.

2.2 AVALIAÇÕES EM SELEÇÕES PARTICIPATIVAS

Levando-se em consideração que se pratica neste tipo de pesquisas dois processos avaliativos, a quantitativa e a qualitativa, pode-se notar que o produtor de mandioca tem seus próprios critérios de seleção para a adoção de uma variedade de mandioca, além da produtividade e qualidade do produto final. Esses critérios, qualificados como bons, mostram o perfil de uma variedade "ideal" traçado pelos produtores familiares. Cada critério estabelecido pelos produtores apresenta uma justificativa lógica e inclui caracteres observados desde a germinação até a colheita e industrialização do produto. A velocidade de germinação, o vigor inicial e o formato da copa das plantas, considerados como características complementares durante os processos de seleção efetuados pelo melhorista, segundo os produtores, parecem mais relevantes no campo porque favorecem um rápido cobrimento do solo, dificultando a germinação de plantas daninhas e diminuindo os trabalhos de capinas, manuais ou químicas. Plantas com hastes apresentando entrenós curtos e grande número de gemas permitem o plantio de manivas mais curtas, economizando material de plantio, um dos fatores limitantes à ampliação em larga escala da mandiocultura. A facilidade de destaque das raízes e da película das raízes tem importância fundamental para os agricultores pelo fato de todo o trabalho se processar de forma manual na maioria das propriedades familiares, desde a colheita até a fabricação da farinha. Em alguns locais, variedades que apresentam raízes com dificuldade de descascar não são aceitas nas casas de farinha por elevar o custo da mão de obra, e frequentemente são rejeitadas pelas raspadeiras, na maioria mulheres.

A cor da película e a cor do córtex são considerados tão importante como a produção de raízes, pois como a raspagem é manual, alguns resíduos que permanecem nas raízes são suficientes para alterar a qualidade da farinha. A facilidade de colheita está diretamente relacionada com a ausência de pedúnculo nas raízes que predispõe o aprofundamento das mesmas no solo, determinando grandes perdas durante a colheita.

Confirma-se assim que as definições dos possíveis critérios de seleção são construídas em função de sua classificação e sua razão. OS critérios qualitativos, apesar de serem avaliados pelos melhoristas, muitas vezes não tem assumido o devido valor durante os processos de seleção e são descartados em função de outras características quantitativas que aos olhos do melhorista parecem ter maior importância. Os produtores veem na colheita a melhor fase para expressar suas opiniões, considerando que se pode avaliar o produto de interesse comercial, ou seja, a produção e qualidade de raiz. Torna-se evidente que pequenos detalhes de uma variedade condicionam a adoção da mesma, consistindo algumas vezes de características que tem pouca ou nenhuma influência sobre a produção final. Esses critérios devem ser incorporados como novos critérios de seleção a serem utilizados pelos melhoristas que desenvolvem variedades de mandioca para a agricultura familiar no Brasil. Com isso, espera-se que os programas de melhoramento dirigidos para essa categoria atendam de uma forma mais efetiva as demandas dos produtores facilitando a adoção das novas variedades.

Os ordenamentos de preferência feitos pelos produtores, são um instrumento de retro informação aos programas de melhoramento. Com eles, é possível definir-se quais os genótipos que o agricultor gostaria de aprovar, quais aqueles que devem ser substituídos e as características mais importantes de uma variedade de mandioca. Além do mais, ajudam o melhorista a aproximar-se mais rapidamente das expectativas do produtor, acelerando todo o processo.

Um outro fator que tem apresentado peso algumas vezes superior ao da produção de raízes, na ordem de preferência por variedades é a qualidade para o consumo fresco, que em muitos casos supera a preferência pela produtividade.

Há casos em que o produtor continua preferindo a sua variedade, o maior ganho nestes casos é no estabelecimento por parte do produtor, das principais características que ele gostaria de encontrar em uma nova variedade. A estabilidade das variedades locais é uma das principais vantagens sobre as novas variedades, motivo pelo qual os produtores resistem bastante a adoção de novas variedades.

As variedades preferidas pelos produtores são imediatamente multiplicadas na propriedade e esses produtores, involuntariamente, se tornam agentes multiplicadores na difusão da tecnologia adotada, uma vez que distribuem manivas das variedades selecionadas aos vizinhos e esse processo ocorre em progressão geométrica, no caso de se tratar de uma variedade realmente adaptada e com boa estabilidade de produção.

A princípio o produtor não substitui sua variedade tradicional, que é em geral repassada de pai para filho, mas amplia a diversidade genética de sua lavoura e dispõe de novas opções como formas de utilização e diferentes idades de colheitas. No entanto, a experiência mostra que o processo de adoção é bem mais difícil pois a aceitação ocorre somente se a nova variedade superar em muito a variedade tradicional, ou apresentar uma característica nova não encontrada nessa variedade.

Definitivamente, a forma tradicional de melhoramento e difusão das variedades selecionadas através de dias de campo, não funcionam para a adoção de variedades de mandioca na maioria dos ecossistemas onde se cultiva mandioca no Brasil. Além dos fatores já comentados, o aspecto cultural tem uma forte influência neste processo.

Dentro da filosofia de pesquisa participativa em melhoramento de mandioca abre-se uma nova perspectiva na difusão das variedades de mandioca já geradas e a serem geradas pelos programas de melhoramento com a cultura no Brasil, além do aperfeiçoamento destes programas pela maior integração com os produtores e os difusores de tecnologia.

Finalmente, salienta-se que os profissionais que recebem treinamento em Pesquisa Participativa, são capacitadores potenciais da metodologia dentro de suas próprias instituições. Da mesma forma, os grupos de agricultores que participam de todo o processo, indiretamente receberam um treinamento que facilitará a continuação dos trabalhos participativos nas comunidades trabalhadas.

3. DESCRIÇÃO DAS REGIÕES PRODUTORAS TRABALHADAS NO PROJETO

A. Aspectos Climáticos

De um modo geral, o estado do Amapá apresenta clima tropical quente e úmido com estações bem definidas em períodos de chuva e estiagem.

A precipitação pluviométrica ocorre pouco na época seca, ou de estiagem, que ocorre entre os meses de agosto e primeira quinzena de dezembro, e regularmente distribuída na época das chuvas, entre a segunda quinzena de dezembro prolongando-se até o mês de julho.

Macapá

O clima é tropical. Em Macapá na maioria dos meses do ano existe uma pluviosidade significativa. Só existe uma curta época seca e não é muito eficaz. A classificação do clima é Am de acordo com a Köppen e Geiger. Macapá tem uma temperatura média de 27.0 °C. A pluviosidade média anual é 2487 mm Gráficos 01 e 02.

Gráfico 01: Temperatura e Pluviosidade média anual no município de Macapá

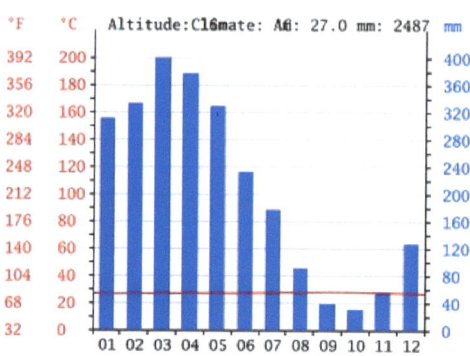

Fonte: CLIMA (2019)

Vinte e nove mm é a precipitação do mês Outubro, que é o mês mais seco. Com uma média de 399 mm o mês de Março é o mês de maior precipitação.

Gráfico 02: Temperatura média anual no município de Macapá.

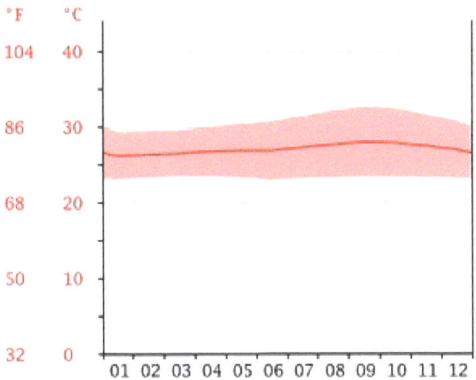

Fonte: CLIMA (2019)

No mês de Setembro, o mês mais quente do ano, a temperatura média é de 27.9 °C. Com uma temperatura média de 26.1 °C, Janeiro é o mês com a mais baixa temperatura ao longo do ano.

Mazagão

Apresenta um clima tropical. Na maioria dos meses do ano existe uma pluviosidade significativa. Só existe uma curta época seca e não é muito eficaz. A classificação do clima é Am segundo a Köppen e Geiger. Mazagão tem uma temperatura média de 27.0 °C. 2410 mm é o valor da pluviosidade média anual.

Gráfico 03: Temperatura e Pluviosidade média anual no município de Mazagão

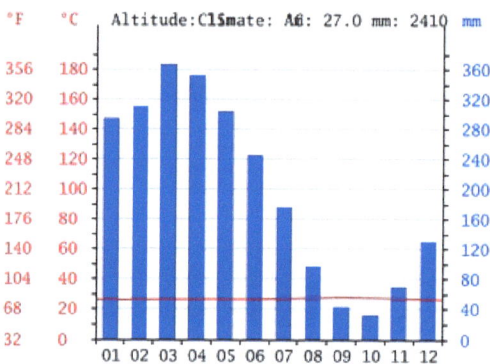

Fonte: CLIMA (2019)

O mês mais seco é Outubro e tem 32 mm de precipitação. O mês de maior precipitação é Março, com uma média de 365 mm.

Gráfico 04: Temperatura média anual no município de Mazagão

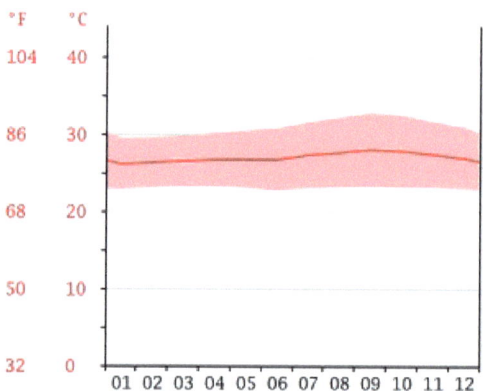

Fonte: CLIMA (2019)

No mês de Setembro, o mês mais quente do ano, a temperatura média é de 28.0 °C. Ao longo do ano Janeiro tem uma temperatura média de 26.1 °C. Durante o ano é a temperatura média mais baixa.

Itaubal

Itaubal tem um clima tropical. Na maioria dos meses do ano existe uma pluviosidade significativa. Só existe uma curta época seca e não é muito eficaz. O clima é classificado como Am segundo a Köppen e Geiger. Em Itaubal a temperatura média é 27.0 °C. A média anual de pluviosidade é de 2158 mm.

Gráfico 05: Temperatura e Pluviosidade média anual no município de Itaubal

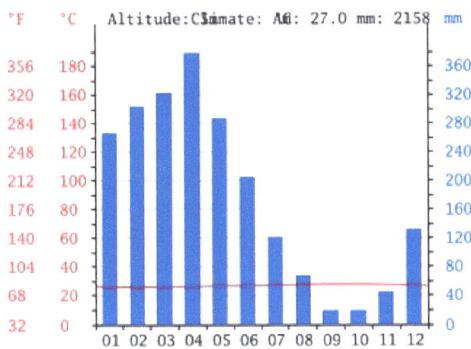

Fonte: CLIMA (2019)

O mês mais seco é Setembro com 18 mm. O mês de Abril é o mês com maior precipitação, apresentando uma média de 378 mm (Gráfico 06)

Gráfico 06: Temperatura média anual no município de Itaubal.

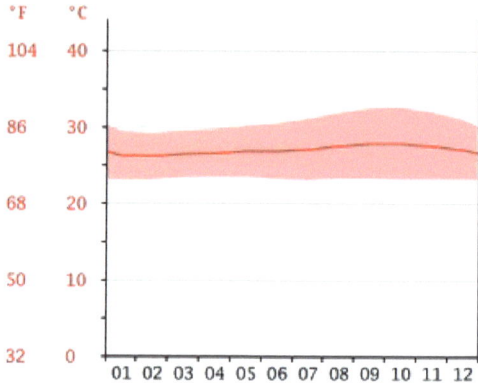

Fonte: CLIMA (2019)

No mês de Setembro, o mês mais quente do ano, a temperatura média é de 27.8 °C. 26.1 °C é a temperatura média de Fevereiro. É a temperatura média mais baixa de todo o ano.

B. Aspectos Edáficos

Os solos do Amapá de forma geral são ácidose de baixa fertilidade. As classes de maior representatividade são :Latossolo Amarelo, Latossolo Vermelho-Amarelo, Argissolo Vermelho-Amarelo e Gleissolos (Alveset ai.,1992). É necessário avaliar a fertilidade do solo para caracterizar sua capacidade eem fornecer nutrientes para as plantas, identificar a presença de acidez e elementos tóxicos, orientar programas de adubação e correção do solo e escolher espécies ou variedades mais adaptadas ao cultivo

De modo geral a maioria das amostras de solos apresentaram

elevada acidez e elevado teor de alumínio trocável, baixos teores de fósforo e soma de bases, baixa saturação por bases e medianos teores de carbono.

O solos de Itaubal e Mazagão enquadram-se na categoria dos Latossolos Amarelos, descritos como LATOSSOLO AMARELO ÁLICO A – moderado textura muito argilosa (argilosa), fase floresta equatorial subperenifólia, relevo plano + LATOSSOLO VERMELHO-AMARELO ÁLICO A moderado textura muito argilosa (argilosa), fase pedregosa III (cascalhento), floresta equatorial subperenifólia, relevo plano e suave ondulado + PODZÓLICO VERMELHO-AMARELO Tb ÁLICO moderado textura argilosa/muito argilosa cascalhenta, fase floresta equatorial subperenifólia, relevo suave ondulado e ondulado.

Embora o distrito de São Joaquim do Pacuí politicamente pertença ao município de Macapá, sua localização geográfica o coloca muito mais próximo ao município de Cutias estando separados por uma distância de cerca de 32.6 km linha reta enquanto está distante de Macapá 127,7 km. Desta forma, os colos daquele distrito são descritos como tendo as mesmas características daqueles de Cutias. Em ambos os municípios, Macapá e Cutias, há a predominância dos Podzolicos Amarelos, descritos como PODZÓLICO AMARELO TB ÁLICO A – moderado textura arenosa/média, fase floresta equatorial subperenifólia, relevo plano e suave ondulado + LATOSSOLO AMARELO ÁLICO A – moderado textura muito argilosa, fase floresta equatorial subperenefólia, relevo suave ondulado.

c. Produção de mandioca (raiz) por área e quantidade nas comunidades amapaenses

COMUNIDADES	MANDIOCA MUNICÍPIO	PRODUTOR	AREA (HA)	PRODUÇÃO (T)
ITAUBAL	TARTARUGALZINHO	60	60	600
SEDE	TARTARUGALZI NHO	40	40	400
LAGO DUAS BOCAS	TARTARUGALZINHO	15	15	150
TARTARUGALGRANDE	TARTARUGALZINHO	17	17	170
LAGO NOVO	TARTARUGALZI NHO	21	21	210
TERRA FIRME	TARTARUGALZINHO	15	15	150
PA BOM JESUS	TARTARUGALZINHO	120	120	1200
PA GOVERNADOR JANARY	TARTARUGALZINHO	30	30	300
PA CEDRO	TARTARUGALZINHO	200	200	2000
PA APOREMA	TARTARUGALZINHO	60	60	600
CAROBAL	MACAPA/SJP	26	25	550
CAMPINA	MACAPA/SJP	50	40	700
CORRE ÁGUA	MACAPA/SJP	30	25	250
CANTAZAL	MACAPA/SJP	15	10	100
DOIS IRMÃOS	MACAPA/SJP	10	8	80
GARIMPO	MACAPA/SJP	15	10	100
LIBERDADE	MACAPA/SJP	10	8	80
SANTA CATARINA	MACAPA/SJP	10	8	80
PONTA GROSSA	MACAPA/SJP	10	8	80
SÃO JOAQUIM	MACAPA/SJP	8	5	50

SÃO FRANCISCO ALTO	MACAPA/SJP	20	18	180
SÃO FRANCISCO VILA	MACAPAISJP	8	6	60
SÃO SEBASTIÃO	MACAPA/SJP	8	6	80
SANTA LUZIA	MACAPA/SJP	10	8	80
SÃO TOMÉ	MACAPA/SJP	35	35	350
SÃO BENEDITO	MACAPA/SJP	40	40	700
TRACAJATUBA 11	MACAPA/SJP	20	20	500
SÃO PEDRO DOS BOIS	MACAPÁ	30	20	250
CURRALINHO	MACA PÁ	40	30	350
CASA GRANDE	MACA PÁ	12	10	120
MEL DA PEDREIRA	MACAPÁ	25	20	250
TESSALONICA	MACAPÁ	15	12	130
MARUANUM	MACAPÁ	40	60	650
CAMPINA	MACAPÁ	10	10	110
ACAIZAL	L. JARI/CAJARI	16	16	240
ACAMPAMENTO	L. JARI/CAJARI	6	6	90
AGUA BRANCA DO CAJARI	L. JARI/CAJARI	20	20	300
ARIRAMBA	L. JARI/CAJARI	16	16	240
BOCA DO BRAÇO	L. JARIICAJARI	9	9	63
CONCEIÇÃO DO MURIACA	L. JARI/CAJARI	20	20	140
DONA MARIA	L. JARI/CAJARI	10	10	150
ITABOCA	L. JARI/CAJARI	23	23	345
MANGUEIRO	L. JARI/CAJARI	8	8	120
MARINHO	L. JARI/CAJARI	17	17	255

MARTINS	L. JARI/CAJARI	6	6	90
POçÃO	L. JARI/CAJARI	6	6	90
SANTA CLARA	L. JARI/CAJARI	5	5	75
SANTAREM	L. JARI/CAJARI	8	8	120
SÃO PEDRO	L. JARI/CAJARI	5	5	75
SOROROCA	L. JARI/CAJARI	7	7	105
PADARIA	LARANJAL DO JARI	15	20	220
TIRA COURO	LARANJAL DO JARI	10	12	120
ASSENTAMENTO MARAPI	VITORIA DO JARI	70	70	560
AGUA AZUL	VITORIA DO JARI	15	15	120
ARAPIRANGA	VITORIA DO JARI	5	5	40
COLONIA DO ARURU	VITORIA DO JARI	10	10	80
HORTA	VITORIA DO JARI	5	5	40
IG. DAS PACAS	VITORIA DO JARI	15	15	120
JARILANDIA	VITORIA DO JARI	25	25	20
LORA	VITORIA DO JARI	15	15	120
MARAPI	VITORIA DO JARI	15	15	120
MARAJO	VITORIA DO JARI	20	20	160
NOVA CONQUISTA	VITORIA DO JARI	10	10	80
PAGA DIVIDA	VITORIA DO JARI	3	3	24
PORÇÃO	VITORIA DO JARI	5	5	40
RESERVA	VITORIA DO JARI	70	70	600
TUCHAUA	VITORIA DO JARI	2	2	24
TERRA CAÍDA	VITORIA DO JARI	10	10	72

TUCANO II	PEDRA BRANCA	70	60	720
TUCANO I	PEDRA BRANCA	80	70	700
NOVA DIVISÃO	PEDRA BRANCA	40	30	300
SETE ILHAS	PEDRA BRANCA	30	25	250
RIOZINHO	PEDRA BRANCA	25	20	200
SÃO S. DO CACHAÇO	PEDRA BRANCA	10	7	70
CENTRO NOVO	PEDRA BRANCA	10	6	60
XIVETE	PEDRA BRANCA	5	2	20
ARREPENDIDO	PEDRA BRANCA	5	2	20
PORTO ALEGRE	PEDRA BRANCA	5	2	20
AGUA FRIA	PEDRA BRANCA	10	5	50
PA PEDRA BRANCA	PEDRA BRANCA	12	10	100
CACHORRINHO	PEDRA BRANCA	12	10	100
CACHAÇO	SERRA DO NAVIO	9	8	80
PA SERRA DO NAVIO	SERRA DO NAVIO	15	13	260
PEDRA PRETA	SERRA DO NAVIO	3	3,5	28
ANTA	SERRA DO NAVIO	6	5	40
CAPIVARA	SERRA DO NAVIO	3	2,5	20
ESTEFÂNIO	SERRA DO NAVIO	5	4	32
SUCURIJU	SERRA DO NAVIO	3	2	18
AGUA BRANCA	SERRA DO NAVIO	6	5,5	49,5
SÃO JOSÉ	SERRA DO NAVIO	9	8	72
ARAGUARI	SERRA DO NAVIO	9	7	84
PERPÉTUO SOCORRO	SERRA DO NAVIO	1	1	12
ESCONDIDO	SERRA DO NAVIO	8	7,2	72

ASSENTAMENTO	ITAUBAL	50	50	500
ITAUBAL	ITAUBAL	15	15	150
INAJA	ITAUBAL	10	10	100
CURICACA	ITAUBAL	10	10	100
CONCEiÇÃO	ITAUBAL	20	20	200
TRACAJATUBA III	ITAUBAL	20	20	200
SÃO MIGUEL	ITAUBAL	5	5	50
RIO JORDÃO	ITAUBAL	4	3	30
IPIXUNA GRANDE	ITAUBAL	4	8	80
PAU MULATO	ITAUBAL	3	6	60
URUA	ITAUBAL	5	10	100
SÃO RAIMUNDO	ITAUBAL	5	5	50
BOM SUCESSO	ITAUBAL	4	4	40
GURUPORA	CUTIAS	60	40	150
SAGRADO C. MARIA	CUTIAS	11	19	85,2
AREIA BRANCA	CUTIAS	26	27	79,2
AL TA FLORESTA	CUTIAS	22	45	180
SÃO SEBASTIÃO	CUTIAS	20	46	200,4
LIVRAMENTO	CUTIAS	52	73	276
BOM DESTINO	CUTIAS	11	12	43,2
RAMAL CORAÇÃO DE JESUS	CUTIAS	9	15	72
SÃO RAIMUNDO	CUTIAS	64	44	228
RAMAL NOVA ESPERANÇA	CUTIAS	12	12	36
P.A CUJUBIM	PRACUUBA	62	124	2700

CUJUBIM	PRACUUBA	3	3	30
PERNAMBUCO	PRACUUBA	30	45	450
FLEXAL	PRACUUBA	5	3	30
BREU	PRACUUBA	13	15	150
PA CARNOT	CALÇOENE	60	120	1300
PA NOVA COLINA	PORTO GRANDE	15	20	180
COLONIA DO MATAPI	PORTO GRANDE	40	100	900
MANOEL JACINTO	PORTO GRANDE	6	10	90
TERRA PRETA	FERREIRA GOMES	15	25	220
FOZ DO MAZAGÃO	MAZAGÃO	15	10	150
CARVÃO	MAZAGÃO	20	15	160
PIQUIAZAL	MAZAGÃO	25	30	320
CAMAIPI	MAZAGÃO	15	20	190
AJURUXI	MAZAGÃO	30	50	480
TOTAL		2764	2933,7	30456

Fonte: Pesquisas de campo – 2017, 2018, 2019

4. SISTEMAS DE PRODUÇÃO

O processo produtivo não pode ser dividido em técnicas estanques, porque há uma grande interação entre os diversos fatores de produção. Este aspecto deve ser considerado ao se analisar uma determinada técnica de cultivo.

É imprescindível, entretanto, conhecer-se o nível de tecnologia empregado pelos produtores, para após sugerir alguma mudança.

Sistema de produção aqui tratado, é um conjunto de técnicas, práticas e conhecimentos que se relacionam ente si e que são empregados conjuntamente para se conseguir maior produção e maior renda por hectare.

Sendo assim, o sistema de produção, para ser viável, é elaborado levando-se em conta as recomendações da pesquisa, os níveis de conhecimento e de interesse dos produtores e as condições da propriedade e da região. Somente nestas condições podemos oferecer ao produtor um sistema de produção que está a seu nível de execução.

A. Sistema de produção 1
Sistema Familiar Tradicional sem irrigação
Comunidade do Piquiazal, município de Mazagão

Caracterização do produtor

Neste caso, a produção de farinha é a principal renda da família. Embora a área pertença ao patriarca da família, todos os membros auxiliam no processo produtivo, seja o filho nas atividades de cultivo seja as mulheres nas atividades de pós colheita para a fabricação da farinha.

Operações que compõem o sistema
1. Preparo de solo

   Realiza-se neste sistema uma gradagem com trator de rodas e grade de discos, em profundidade variando entre 15 e 20 cm, anualmente antes dos plantios, no inicio dos períodos chuvosos, desde que os solos não estejam demasiadamente encharcados.

   As operações de gradagem são padronizadas para todos os produtores do município considerando-se que o trator e operador são cedidos pelo poder público municipal.

   Em áreas novas utiliza-se a pratica da derruba e queima, plantando-se entre os restos vegetais e tocos. Neste caso então não há o preparo do solo mecanizado.

2. Seleção de manivas

   Não há qualquer forma de seleção de cultivares produtivas, utilizando-se costumeiramente aquelas aproveitadas de colheitas anteriores na mesma área, observando-se as recomendações básicas de se utilizarem pedaços de manivas com tamanhos de 20 cm e sadios. Em muitos casos são também plantados materiais das partes superior e inferior da planta, quando as recomendações são para que se aproveitem somente os materiais dos terços médios.

3. Plantio e adubação

   Os plantios são realizados com as manivas deitadas, com espaçamentos de 1m entre linhas e 1 m entre plantas. As adubações são realizadas sem o conhecimento real das necessidades da cultura em função dos nutrientes disponibilizados nos solos, não sendo assim realizadas qualquer tipo de analises de solos pelos produtores. As formulações são adquiridas no comércio da cidade mais próxima sendo sempre disponível em duas classes: para plantio e para frutificação. Os de plantio, normalmente utilizados, são compostos pela fórmula 10-10-10 de NPK, não tomando-se cuidados com a suplementação de micronutrientes.

4. Tratamento fitossanitário

   A cultura é mantida no limpo nos primeiros meses após o plantio pelo cutivo manual com equipamentos como a enxada.
   Não são feitos tratamentos de controle de eventuais doenças ou pragas.

5. Colheita

   Feito a partir dos 10 meses após o plantio, estende-se até o final da produção em campo, geralmente por volta dos 14 meses após o plantio, utilizando-se a capação das ramas para aproveitamento em novos plantios e arranquio manual

6. Comercialização

   As raízes são levadas para a casa de farinha da família, onde todos trabalham no fabrico e posterior comercialização.

B. **Sistema de produção 2**
   Sistema Familiar Tradicional não tecnificado
   Comunidade do Camaipi, município de Mazagão
   Assentamento Itaubal, município de Itaubal

Caracterização do produtor

Este tipo de produtor vem tornando-se comum no estado devido à migração para as cidades dos filhos do casal que invariavelmente permanece no campo subsistindo com as poucas produções disponíveis, entre as quais o cultivo da mandioca para a produção de farinha, atividade tradicional entre os agricultores familiares amapaenses.

Operações que compõem o sistema

1. Preparo de solo

    Realiza-se neste sistema uma gradagem com trator de rodas e grade de discos, em profundidade variando entre 15 e 20 cm, anualmente antes dos plantios, no inicio dos períodos chuvosos, desde que os solos não estejam demasiadamente encharcados.

    As operações de gradagem são padronizadas para todos os produtores do município considerando-se que o trator e operador são cedidos pelo poder publico municipal.

    Não há a inclusão de novas áreas de plantios, apenas o aproveitamento de áreas onde já houve cultivos anteriores.

2. Seleção de manivas

    Não há qualquer forma de seleção de cultivares produtivas, utilizando-se costumeiramente aquelas aproveitadas de colheitas anteriores na mesma área, observando-se as recomendações básicas de se utilizarem pedaços de manivas com tamanhos de 20 cm e sadios. Em muitos casos são também plantados materiais das partes superior e inferior da planta, quando as recomendações são para que se aproveitem somente os materiais dos terços médios.

3. Plantio e adubação

    Os plantios são realizados com as manivas deitadas, com espaçamentos de 1m entre linhas e 1 m entre plantas. Raramente utiliza-se de adubações e, quando são efetuadas, limitam-se a formulação 10-10-10 (N-P-K) em quantidades mínimas devido a dificuldade financeira em se adquirir no comercio da cidade este e outros tipos de adubos.

4. Tratamento fitossanitário

    A cultura é mantida no limpo nos primeiros meses após o plantio pelo cultivo manual com equipamentos como a roçadeira motorizada, único equipamento presente na propriedade.

    Não são feitos tratamentos de controle de eventuais doenças ou pragas.

5. Colheita

    Feito a partir dos 10 meses após o plantio, estende-se até o final da produção em campo, geralmente por volta dos 14 meses após o plantio, utilizando-se a capação das ramas para aproveitamento em novos plantios e arranquio manual, sempre realizada em conjunto com outro ou outros produtores que transportam as raízes para uma casa de farinha e dividem os trabalhos de fabrico, dividindo assim também as quantidades de farinha produzidas.

C. **Sistema de produção 3**

   Sistema Familiar Tradicional com irrigação

   Comunidade do Curicaca, município de Itaubal

Caracterização do produtor

Este produtor familiar tecnificado, ou seja, possui e utiliza conhecimentos sobre práticas agrícolas recomendadas para se ter boa produção.

Neste sistema de produção há o interesse em se obter variedades mais produtivas, sendo que o produtor mantém em sua área uma ampla coleção de cultivares diferentes de mandiocas objetivando a realização de seleções anuais.

Já houve em anos anteriores a instalação na área do mesmo produtor, líder comunitário, de outros experimentos que, após determinados os materiais mais produtivos, foi replicado a um grupo de 100 agricultores familiares da comunidade, que ao adotarem as variedades diferentes, conseguiram aumentar significativamente sua produtividade.

A cultura foi irrigada durante todo seu ciclo com o uso de mangueiras de aspersão, porém sem os conhecimentos das necessidades hídricas da cultura.

Operações que compõem o sistema

1. Preparo de solo

Realiza-se neste sistema uma gradagem com trator de rodas e grade de discos, em profundidade variando entre 15 e 20 cm, anualmente antes dos plantios, no inicio dos períodos chuvosos, desde que os solos não estejam demasiadamente encharcados.

Não há a inclusão de novas áreas de plantios, apenas o aproveitamento de áreas onde já houve cultivos anteriores.

2. Seleção de manivas

Neste sistema de produção há o interesse em se obter variedades mais produtivas, sendo que o produtor mantém em sua área uma ampla coleção de cultivares diferentes de mandiocas objetivando a realização de seleções anuais.

Deste forma, além de seguir as recomendações básicas sobre a utilização de manivas sadias e vigorosas, há na área constantemente um mix de cultivares.

3. Plantio e adubação

Os plantios são realizados com as manivas deitadas, com espaçamentos de 1m entre linhas e 1 m entre plantas. Embora com bom conhecimento técnico, as adubações limitam-se a formulação 10-10-10 (N-P-K), uma das poucas disponíveis nos mercados locais, porém sempre obedecendo as recomendações sobre quantidade preconizadas por analises de solos.

4. Tratamento fitossanitário

A cultura é mantida no limpo nos primeiros meses após o plantio pela aplicação de herbicidas antes dos plantios e com roçadeiras motorizadas após a emergência, sendo utilizado herbicidas novamente após as plantas terem atingido uma altura superior a 50 cm, tomando o cuidado do produto não atingir as folhas.

Não são feitos tratamentos de controle de eventuais doenças ou pragas.

5. Colheita

Feito a partir dos 12 meses após o plantio, estende-se até o final da produção em campo, geralmente por volta dos 18 meses após o plantio, utilizando-se a capação das ramas para aproveitamento em novos plantios e arranquio manual,. As raízes são comercializadas, juntamente com as de outros produtores, para industrias de farinha.

D. **Sistema de produção 4**
   Sistema mecanizado intensivo
   Comunidade do Maruanum/Pirativa, município de Mazagão

Caracterização do produtor

Grande produtor de raízes de mandioca. Possui todos os equipamentos na propriedade para realizar todas as operações de cultivo.

Trabalha com poucas variedades, porém sempre buscando as mais produtivas.

Operações que compõem o sistema

1. Preparo de solo

   O Preparo do solo para plantio contou com duas passagens de grade aradora garantindo melhor aeração aos solos e possibilitando melhor desenvolvimento dos sistemas radiculares iniciais.

2. Seleção de manivas

   Apesar do produtor manter em sua propriedade uma coleção de cultivares distintos de mandioca, ele utiliza-se de três cultivares que julga serem os mais produtivos, sendo um deles, Farias, indicado pela Embrapa Amapá e outra trazida do IAC/Campinas.

   Faz uma previa seleção de material a ser plantado, principalmente evitando o uso de manivas que não estejam sadias.

3. Plantio e adubação

   Todo o sistema de plantio é o mecanizado, utilizando tratores com plantadeiras acopladas.

   As adubações utilizadas no ano de 2018 foram:

   - 30 gramas por planta de fósforo

   - Duas aplicações de nitrogênio e potássio (30 e 45 dias após a emergência) composta por 20 gr por planta cada aplicação

Para o ano de 2019 já estão utilizando a formulação 9 -44-00 (N – P – K) acrescida de micronutrientes.

4. Tratamento fitossanitário

A cultura é mantida permanentemente no limpo com o uso do Herbicida Flumizim na dose de 100 g por hectare.

Os insetos pragas são eliminados com a aplicação de Cipermetrina, em três aplicações durante todo o ciclo da cultura em campo.

5. Colheita

Feito a partir dos 12 meses após o plantio, estende-se até o final da produção em campo, geralmente por volta dos 18 meses após o plantio, utilizando-se a capação das ramas para aproveitamento em novos plantios e arranquio manual,. As raízes são comercializadas, juntamente com as de outros produtores, para industrias de farinha.

5. O PROCESSO DE SELEÇÃO PARTICIPATIVA

Uma característica predominante nos agricultores familiares do Brasil e em especial do Estado do Amapá é a predominância de um baixo nível tecnológico, o que não pode ser explicado apenas pela falta de tecnologia adequada; ao contrário, em muitos casos, mesmo quando a tecnologia está disponível, esta não se transforma em inovação devido à falta de capacidade e condições para inovar. O reconhecimento de que o desempenho e a viabilidade dos agricultores dependem de um conjunto de fatores e agentes que formam um sistema, mais ou menos integrado ou harmônico, requer um enfoque sistêmico.

No caso da mandioca isto se torna bem visível, pois, apesar da obtenção de variedades potencialmente superiores às variedades tradicionais, pelos programas de melhoramento genético de mandioca, observa-se que a maioria dos produtores continua plantando as mesmas variedades que eles selecionaram durante vários anos, devido às variedades melhoradas não atenderem as demandas dos produtores e consumidores de mandioca. Ao que parece, não e suficiente altos rendimentos e resistência a pragas e doenças para lograr uma rápida adoção no cultivo da mandioca, pois há variedades amplamente difundidas nas áreas de cultivo do país com valores de produção inferiores a alguns dos materiais oferecidos pelos programas de melhoramento, evidenciando a existência de "critérios de seleção" como fator importante no desenvolvimento tecnológico.

A opinião dos agricultores na seleção de novos clones de mandioca gerados pela pesquisa e que deverão integrar o seu sistema de produção é fundamental para o processo de adoção. Nesse contexto, estão incluídos os critérios que os produtores usam para aceitar ou descartar uma nova variedade. Baseados nesses critérios, os produtores estabelecem ordens de preferência pelas variedades o que permite estimar o grau de adoção das mesmas, ainda em fase de seleção.

A Metodologia de Pesquisa Participativa em Melhoramento de Mandioca complementa a pesquisa tradicional, estabelecendo uma retroalimentação de informações entre produtores, extensionistas e pesquisadores, maximizando a eficiência da seleção de variedades, assegurando maior aceitação e adoção das variedades melhoradas.

Desta forma, a opinião dos agricultores na seleção de novos clones de mandioca gerados pela pesquisa e que deverão integrar o seu sistema de produção, é fundamental para o processo de adoção. Nesse contexto, estão incluídos os critérios que os produtores usam para aceitar ou descartar uma nova variedade.

Desta forma, ocorreram no início do projeto a rrealização de Diagnósticos Participativos, ou seja, o levantamento de dados primários que ocorreu através de oficinas de planejamento participativo com os agricultores familiares.

Para a validação conjunta das cultivares de mandiocas, de início houve a Identificação e preparação de manivas sementes de variedades produtivas utilizadas pelos agricultores familiares e de variedades adaptadas ao clima local desenvolvida por outras unidades da Embrapa, como a de Belém, de Manaus e de Cruz das Almas.

Foram necessárias a realização de oficinas de orientação sobre os procedimentos de pesquisa junto aos participantes, prioritariamente alunos das escolas famílias serviu para uniformizar alguns procedimentos de análises quantitativas (ou seja, imutáveis) nos procedimentos realizados nas diferentes Unidades de Seleção implantados.

Os processos de seleção envolveram duas etapas distintas. A primeira correspondeu aos processos de plantio das cultivares, obedecendo a lógica estatística de blocos casualizados, localizados em propriedades de agricultores familiares e produtores de grande porte, todos lideres influenciadores de opiniões em suas comunidades. Nesta etapa foram acompanhados o stand de brotações e o desenvolvimento inicial, bem como a presença de patógenos ou insetos-pragas que poderiam de alguma forma prejudicar o início vegetativo das plantas. Além da presença periódica das equipes da Embrapa e do Sebrae, a participação e o acompanhamento por parte dos agricultores e dos alunos das Escolas Famílias foram de fundamental importância para a coleta de informações sobre a adaptação e o crescimento inicial das manivas.

A segunda fase correspondeu justamente ao período de analises em campo, após um ano de plantio, das cultivares plantadas, sendo realizados procedimentos referentes a análises quantitativas (peso, altura, etc) quanto analises qualitativas (avaliação de características importantes segundo os agricultores). Desta forma, as informações finalizadas correspondem a uma correlação entre as qualidades preferidas pelos produtores e as quantidades numéricas obtidas no período das colheitas.

Finalizando, ocorreram as ações de Transferência de Tecnologias, onde foram realizados:

- Dias de campo (propriedade do Sr. José Paterno)
- Reuniões de socialização e finalização de projeto
- Criação de campos de multiplicação de manivas.

A. METODOLOGIA DO PROCESSO PARTICIPATIVO

Localidades

As Unidades de Observação e Seleção Participativas foram instaladas entre os meses de março e abril de 2018 nas seguintes localidades:

Municipio	Comunidade
Mazagão	Piquiazal (propriedade do Sr "Camaleão")
	Camaipi (propriedade do Sr Diniz)
	Maruanum/Pirativa (propriedade do Sr. José Paterno)
Itaubal	Curicaca (propriedade do Sr. Tolosa)
	Assentamento Itaubal (propriedade do Sr. Eliel)
Macapá	Distrito de São Joaquim do Pacui (Escola Familia de S. J. Pacui)
	Comunidade do Tracajatuba (propriedade do Sr. João)

Cultura

Foram plantadas em cada área 42 cultivares de mandiocas, sendo 10 de origem do estado do Amapá e 32 externas (Manaus, Cruz das Almas e Belém).

REGIONAIS	EXTERNAS	T 11 97 85-04	T 22 CAIPIRA
T 01	T 01 2002 35	T 12 98 102-	T 23 CIDADE

MULATINHA		02	RICA
T 03 PAI LOURENÇO	T 02 2002 41-10	T 13 98 137-03	T 24 CIGANA PRETA
T 04 SOIN	T 03 2003 14-11	T 14 98 145-03	T 25 CRIA MENINO
T 07 FARIAS – R	T 04 95 115-38	T 15 98 54-04	T 26 FORMOSA
T 14 286 AIPIM	T 05 95 93-87	T 16 98 61-04	T 27 GUAIRA
T 19 1696 MACAXEIRA PARENTINS	T 06 95 98-37	T 17 98 64-04	T 28 KIRIRIS
T 20 TAPIOQUEIRA	T 07 96 207-05	T 18 98 96-07	T 29 POTI BRANCA
T 24 MARIA PRETINHA	T 08 96 42-02	T 19 99 75-01	T 30 PRATA
T 27 AMARELINHA	T 09 97 152-01	T 20 AMANSA BURRO	T 31 TAPIOQUEIRA
T 28 ROCHA – R	T 10 97 89-13	T 21 BGM1685-CAXÁ	T 32 VERDINHA

Em todas as áreas houve a aplicação de calcário dolomitico, PRNT 90, na proporção de 1 ton/ha com antecedência mínima de 3 meses antes dos plantios.

Foram realizadas aplicações do fertilizante NPK na proporção de 10-10-10, seguindo a dose de 30g por planta, de acordo com a recomendação do Boletim 200 do IAC acompanhado das respectivas analises de solos, visando uniformizar as disponibilidades denutrientes as plantas. Não houve no entanto adubações de cobertura, como preconiza o Boletim 200 por ser uma prática comumente não realizada pelos agricultores locais.

Sistemas de Produção

O projeto abordou cinco sistemas de produção distintos, representativos de quatro associações e uma cooperativa.

Foram realizados a instalação de Unidades de Observação e Seleção de cultivares em 4 sistemas de cultivo distintos, representativos dos principais sistemas utilizados no estado para a cultura da mandioca.

Embora existam técnicas preconizadas para a realização dos tratos culturais que visam possibilitar as culturas expressarem grande parte de seu potencial genético, optou-se nestes casos em não interferir nos sistemas de cultivos tradicionais dos locais, realizando-se apenas as adubações de acordo com as análises de solos para uniformizar o ambiente químico entre os diversos espaços.

Em todas as áreas foram realizadas gradagens antes dos plantios visando diminuir a compactação dos solos e facilitar o desenvolvimento das raízes. Esta prática é comum entre os agricultores e, para aqueles que não dispõe de trator ou recursos para o aluguel de algum, as prefeituras fornecem as maquinas com os implementos.

A adoção destas praticas, não interferindo nos sistemas praticados, visavam em um primeiro momento determinar aquelas cultivares que melhor se adaptam aos sistemas de cultivos mais comuns no estado do Amapá praticados pelos agricultores e em um segundo momento, demonstrar aos mesmos quais sistemas podem, com as mesmas variedades e adubações, fornecer melhores resultados em quantidade de raízes e em rendimento em farinha.

a. Sistema mecanizado intensivo

Fazenda Bela Vista: Comunidade do Maruanum/Pirativa

Além das gradagens foram realizadas aplicações de herbicidas pré plantio e defensivos pós plantio visando diminuir a infestação de plantas invasoras bem como o ataque de insetos.

Imagem 01: Plantio de manivas de mandioca na propriedade Bela Vista, Comunidade Maruanum/ Pirativa (2018)

b. Sistema familiar tradicional com irrigação

Comunidade do Curicaca

As cultivares plantadas nestas áreas ficaram livres de plantas invasoras durante todo o período de desenvolvimento através da aplicação pré plantio e pós plantio de herbicidas. Também houve a utilização de sistemas de suprimento de água através de mangueiras espalhadas por toda a área, no entanto sem o conhecimento das reais necessidades da cultura.

Imagem 02: Plantio de manivas de mandioca na propriedade do Sr. Tolosa comunidade Curicaca, município de Itaubal (2018)

c. Sistema familiar tradicional não irrigado
Comunidade do Piquiazal
Este sistema utilizou principalmente a mão de obra local dos associados para a manutenção da cultura sem a infestação de plantas invasoras nos primeiros 6 meses após os plantios, conforme é costume naquele local.

Imagem 03: Plantio de manivas de mandioca na propriedade do Sr. "Camaleão", comunidade Piquiazal, município de Mazagão (2018)

d. Sistema familiar tradicional não tecnificado
E1. Assentamento Itaubal

Imagem 04: Plantio de manivas de mandioca na propriedade do Sr. "Eliel", Assentamento Itaubal, município de Itaubal (2018)

E2. Comunidade do Camaipi

Imagem 05: Plantio de manivas de mandioca na propriedade do Sr. "Diniz", comunidade Camaipi, município de Mazagão (2018)

Estes dois sistemas, mais comumente utilizados pelos agricultores mais descapitalizados e/ou idosos isolados, sem condições de realizar aplicações de herbicidas de controle de plantas invasoras ou algum outro trato, nem mesmo capinas nas áreas, é utilizado ainda por grande parte da população agraria do estado.

6. RESULTADOS

6.1 Produções de raízes e produtividade de amido por cultivar nos diferentes sistemas de produção.

a. Sistema familiar tradicional não tecnificado

- Assentamento Itaubal

Não houve colheitas. O plantio foi abandonado pela associação do assentamento e, depois de coberto pelo mato pegou fogo, não possibilitando o desenvolvimento das plantas.

- Comunidade do Camaipi

Imagem 06: Colheita de raízes de mandiocas na propriedade do Sr "Diniz", comunidade do Camaipi, município de Mazagão (2019)

Gráfico 07: Produção de raízes de mandioca na comunidade do Camaipi em 2019.

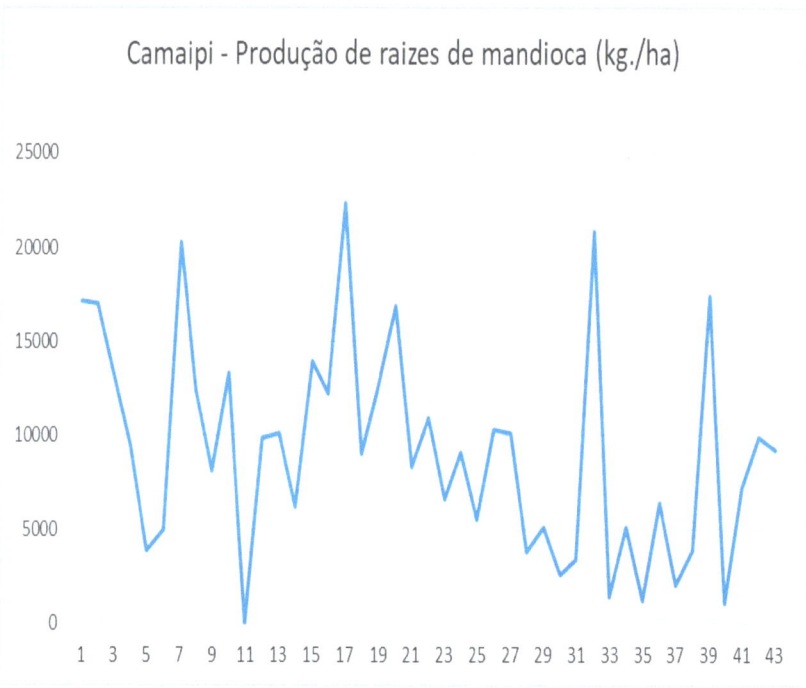

Fonte: Dados de campo, 2019

Gráfico 08: Rendimento de amido por cultivar na comunidade do Camaipi, em 2019.

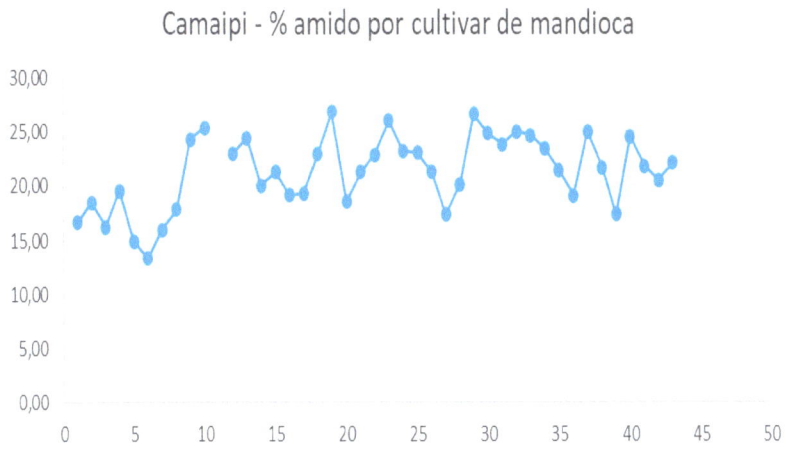

Fonte: Dados de Campo, 2019

Gráfico 09: Produtividade total de amido por cultivar de mandioca na comunidade do Camaipi, 2019

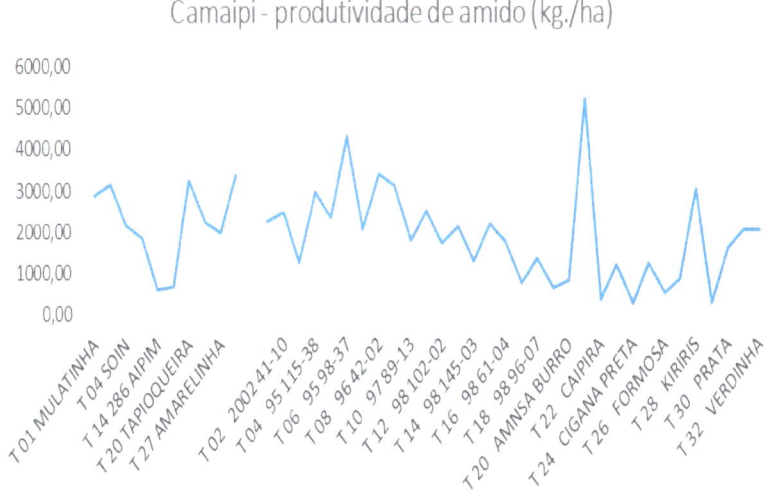

Fonte: Dados de campo, 2019.

b. Sistema familiar tradicional não irrigado

   - Comunidade do Piquiazal

Imagem 07: Colheita de raízes de mandiocas na propriedade do Sr "Camaleão", comunidade do Piquiazal, município de Mazagão (2019)

Gráfico 10: Produção de raízes de mandioca na comunidade do Piquiazal, 2019.

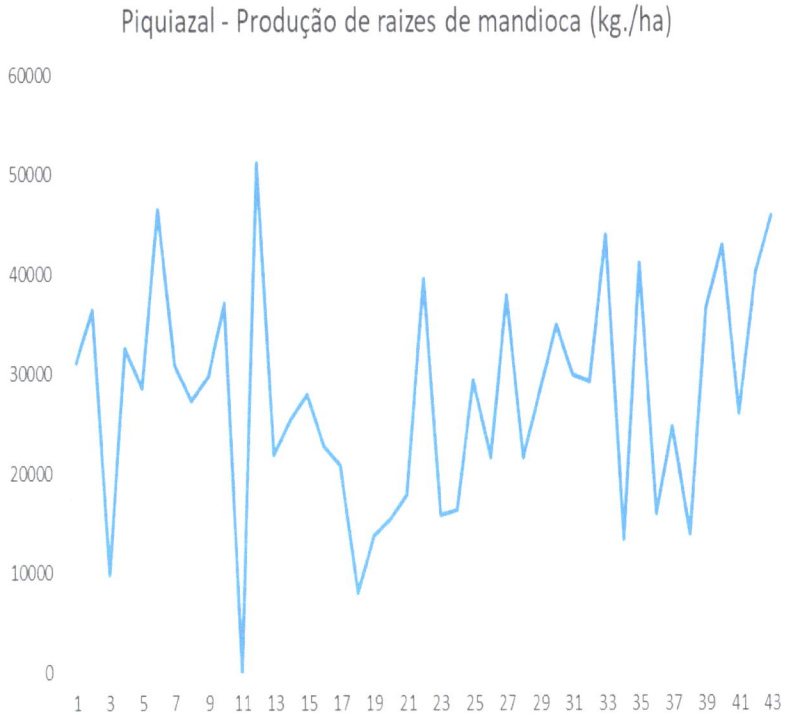

Fonte: Dados de campo, 2019.

Gráfico 11: Rendimento de amido por cultivar na comunidade do Piquiazal, 2019.

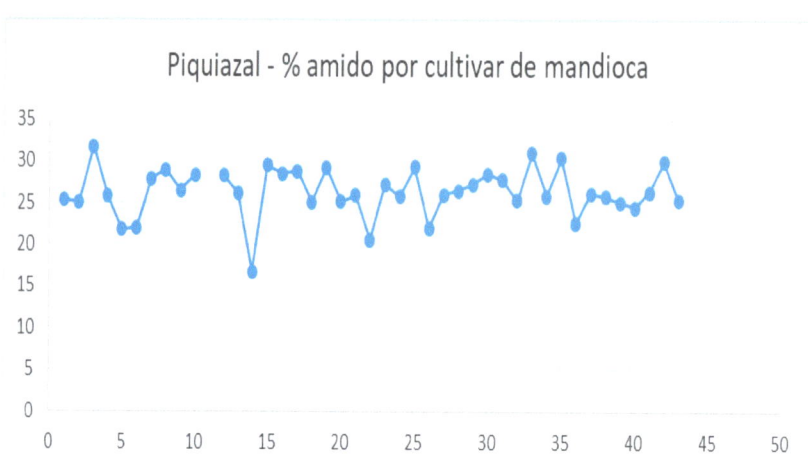

Fonte: Dados de campo, 2019.

Gráfico 12: Produtividade total de amido por cultivar de mandioca na comunidade do Piquiazal, 2019

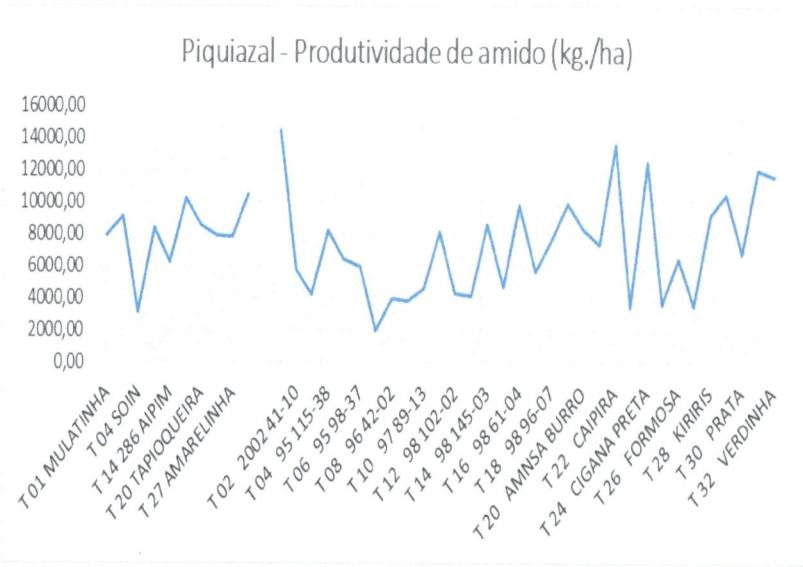

Fonte: Dados de campo, 2019.

c. Sistema familiar tradicional com irrigação

- Comunidade do Curicaca

Imagem 08: Colheita de raízes de mandiocas na propriedade do Sr "Tolosa", comunidade do Curicaca, município de Itaubal (2019)

Gráfico 13: Produção de raízes de mandioca na comunidade do Curicaca, 2019.

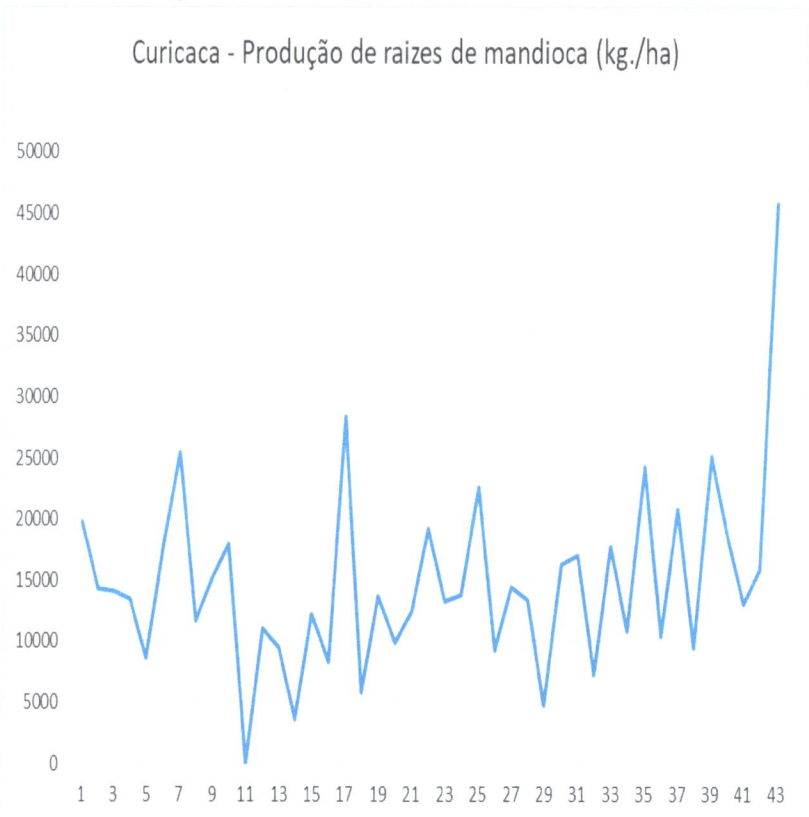

Fonte: Dados de campo, 2019.

Gráfico 14: Rendimento de amido por cultivar na comunidade do Curicaca, em 2019.

Fonte: Dados de campo, 2019.

Gráfico 15: Produtividade total de amido por cultivar de mandioca na comunidade do Curicaca, 2019.

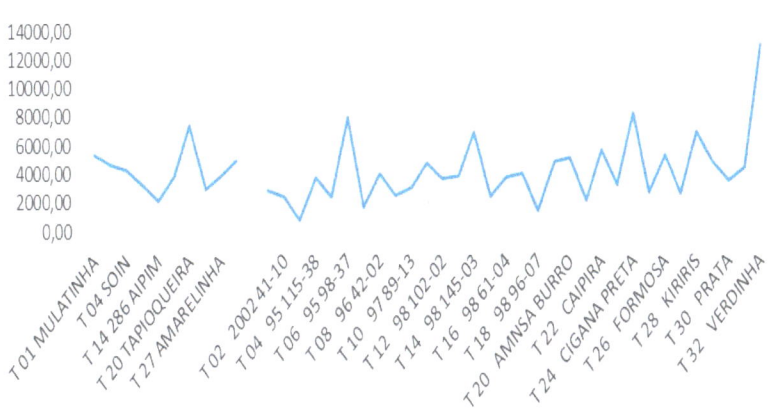

Fonte: Dados de campo, 2019.

d. Sistema mecanizado intensivo

- Fazenda Bela Vista: Comunidade do Maruanum/Pirativa

Imagens 09: Colheita de raízes de mandiocas na Fazenda Bela Vista, propriedade do Sr "José Paterno", comunidade do Maruanum/Pirativa, município de Mazagão (2019)

Gráfico 16: Produção de raízes de mandioca na fazenda Bela Vista, 2019. Primeira avaliação.

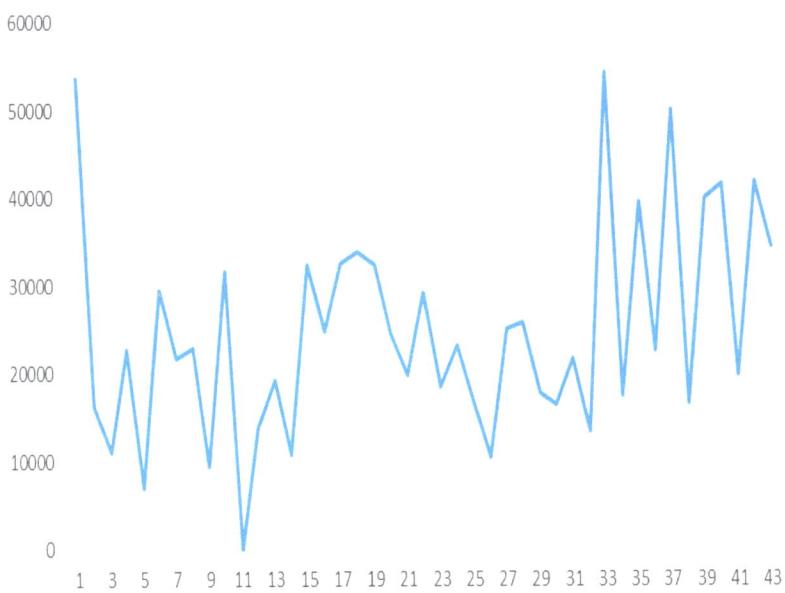

Fonte: Dados de campo, 2019.

Gráfico 17: Produção de raízes de mandioca na fazenda Bela Vista, 2019. Segunda Avaliação

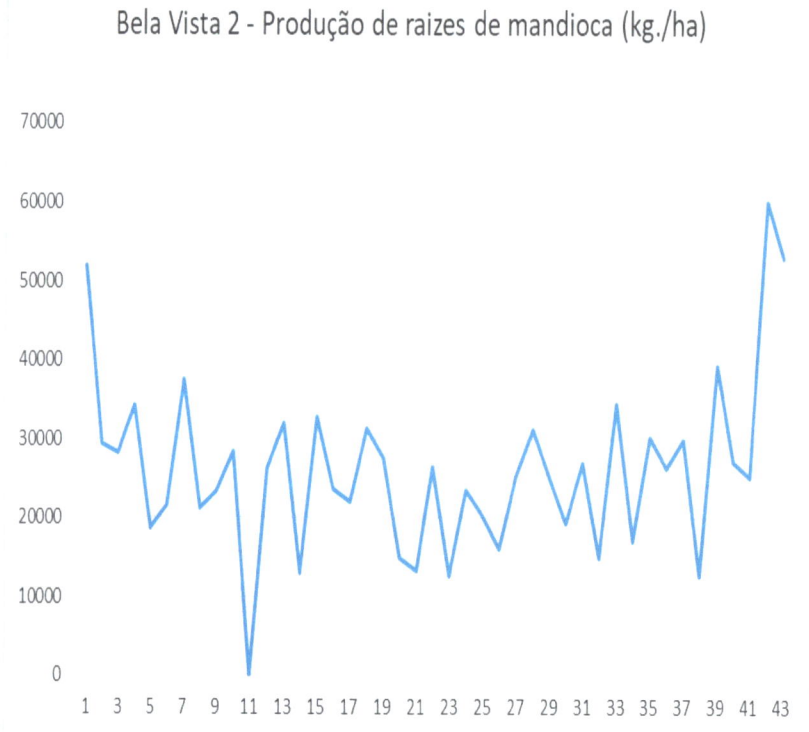

Fonte: Dados de campo, 2019.

Gráfico 18: Rendimento de amido por cultivar na fazenda Bela Vista, em 2019.

Fonte: Dados de campo, 2019.

Gráfico 19: Produtividade total de amido por cultivar de mandioca na fazenda Bela Vista, 2019

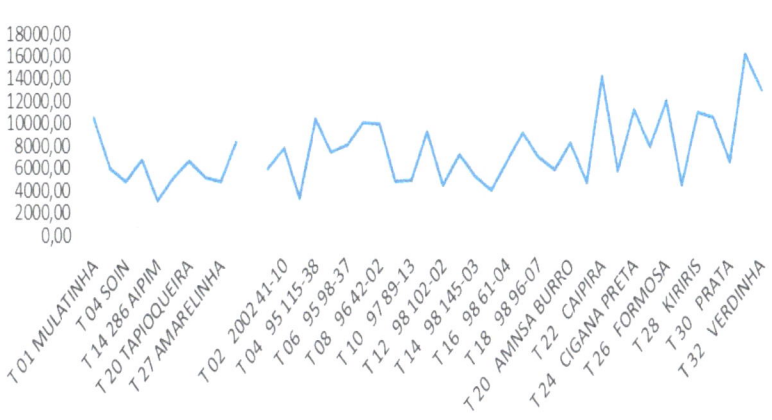

Fonte: Dados de campo, 2019.

Análise dos resultados das produções de raízes e das produtividades em amido.

Gráfico 20: Produção de raízes por cultivar nos diferentes sistemas de produção.

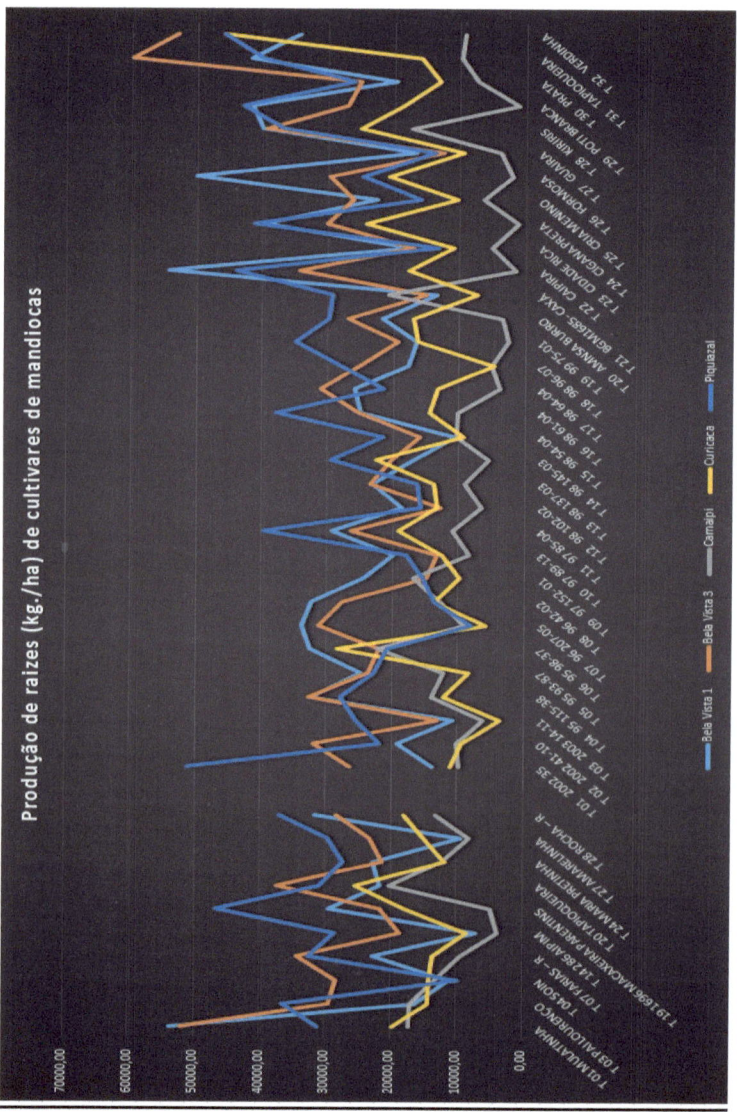

Fonte: Dados de campo, 2019.

Lançado em 2007 por pesquisadores da Embrapa unidade de Belém, o Trio da Produtividade é um conjunto de boas práticas que possibilita colher mais e melhor em diferentes regiões do Brasil. As técnicas consistem basicamente na seleção de manivas-sementes, plantio em espaçamento de 1m x 1m e capina manual durante cinco meses após o plantio da mandioca. A inovação, tendo como base a simples adoção de tecnologias de processo, pode dobrar a produtividade dos plantios de mandioca sem aumentar o custo do produtor.

É importante iniciar estas análises com estas informações para justificar alguns dos resultados de produção de raízes e rendimento em farinha analisados dentro dos diferentes sistemas de produção trabalhados.

Os resultados de produção de raízes, em ton./ha, apresentaram resultados muito amplos dentro do intervalo de 1 até 60 ton. Dois sistemas de produção, nesta análise, destacaram-se dos demais, aquele praticado na fazenda Bela Vista e aquele praticado na comunidade do Piquiazal, sendo este ultimo, sem muitos investimentos, seguidor das técnicas preconizadas no Trio da Produtividade.

As cultivares amapaenses Mulatinha, Pai Lourenço, Farias, macaxeira Parentins, Tapioqueira e Roxa destacam-se, sendo que as cultivares Parentins e Roxa apresentaram altas produções de raízes no sistema praticado no Piquiazal enquanto que na fazenda Bela Vista, apresentando uma produção acima de 50 ton./há a cultivar Mulatinha, seguida pela Tapioqueira e Farias. Do lado oposto, as menores produções em todos os sistemas analisados couberam as cultivares Aipim e Amarelinha.

Dentre aquelas cultivares que vieram de fora do estado destacaram-se na produção de raízes as cultivares 2002-35, 9789-13, Amansa burro,

Caipira, Guaira e Verdinha no sistema agrícola do Piquiazal, suplantando facilmente a produtividade de 40 ton/ha. Este patamar foi atingido no sistema da fazenda Bela Vista pelas cultivares Verdinha, Tapioqueira (externa), Kiriris, Poty Branca, Formosa, Cigana Preta e Caipira.

Dentre todas as cultivares analisadas, destacaram-se em alguns sistemas de produção as cultivares Mulatinha, a Macaxeira Parentins, a Tapioqueira, Rocha, 202-35, 9789-13, Amansa Burro, Caipira, Cigana Preta, Guaira, Tapioqueira e Verdinha.

Gráfico 21: Rendimento de amido por cultivar nos diferentes sistemas de produção

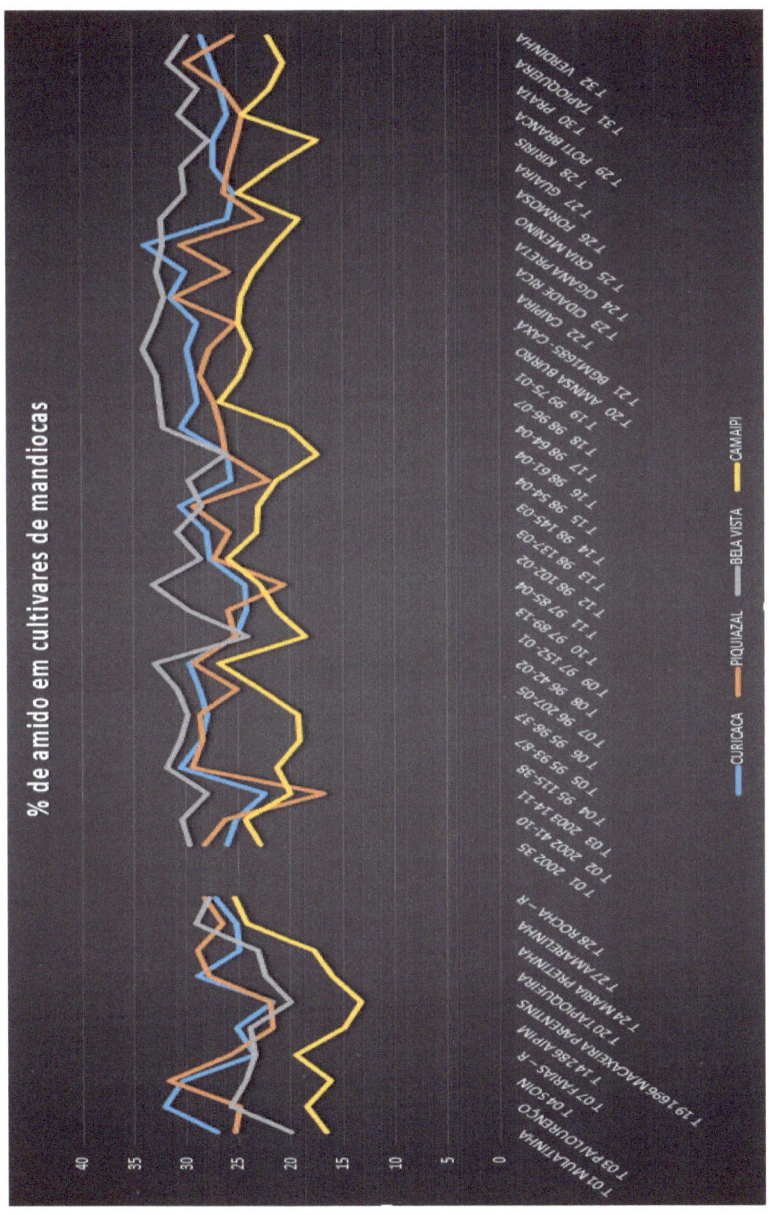

Fonte: Dados de campo, 2019.

A variação da porcentagem de amido presentes entre as diversas variedades e entre os diversos sistemas de produção evidenciam a necessidade evidente de se proceder a seleções e indicações de variedades produtivas a cada sistema de produção especifico pois ocorrem, de acordo com os dados analisados, variações de mais de 10% de concentração de amido dentro de uma mesma variedade em diferentes sistemas produtivos e, por outro lado, um mesmo sistema produtivo apresenta as mesmas quantidades de variações dentre os diferentes cultivares trabalhados.

As maiores porcentagens de amido nas diferentes cultivares de mandioca foram constatadas naquelas pertencentes aos sistemas de produção praticados na Fazenda Bela Vista, na propriedade localizada na comunidade Curicaca e na comunidade do Piquiazal, sendo que na Bela Vista houve forte predominância das variedades externas enquanto que as regionais destacaram-se nos outros dois sistemas produtivos.

As cultivares regionais Pai Lourenço e Soin foram as que apresentaram, nas avaliações, maiores teores de amido, sempre acima de 30%. Sob os tratamentos mais intensivos da Fazenda Bela Vista destacaram-se uma grande variedade de cultivares externas, todas com mais de 30% de amido, como a 2002 41-10, 95 115-38. 95 93-87, 96 42-02, 97 85-04, 98 137-03, 98 64-04, 98 96-07, 99 75-01, BGM1685- Caxá, Caipira, Cidade Rica, Cigana Preta, Cria Menino, Guaira, Tapioqueira externa.

No sistema produtivo da comunidade do Curicaca destacaram-se as externas 95 115-38, 98 145-03.

AS cultivares Caipira e Cigana Preta apresentaram em todos os sistemas produtivos concentrações de amido superiores a 30% sendo que a

Cigana Preta foi a que se destacou dentre todas as cultivares apresentando teores de 33,94% no sistema produtivo praticada na comunidade do Curicaca, 30,39% no sistema produtivo praticada na comunidade do Piquiazal e 32,14% naquele praticado na Fazenda Bela Vista.

Gráfico 22: Produtividade total de amido por cultivar nos diferentes sistemas de produção.

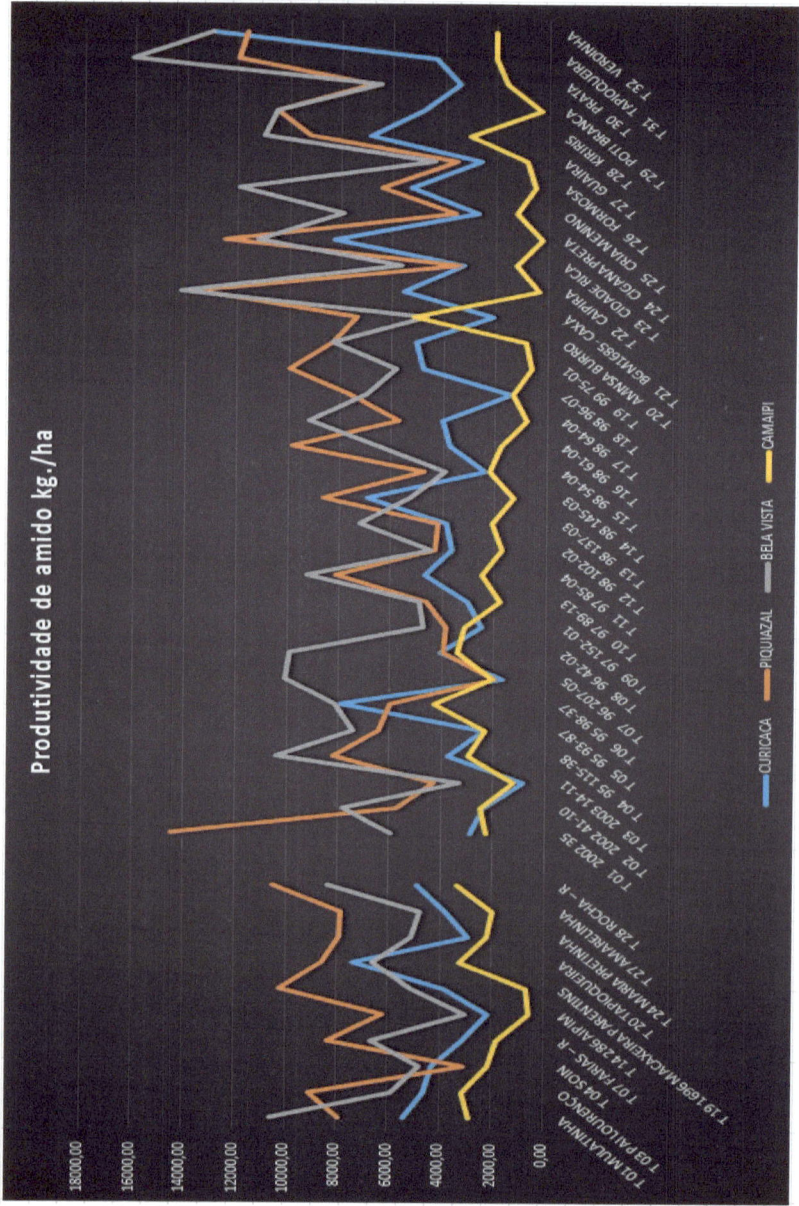

Fonte: Dados de campo, 2019.

Embora existam dente as cultivares analisadas algumas com excelentes produtividade em raízes e outras com grandes concentrações de amido é necessário uma análise conjunta destes fatores para que se tenha uma indicação precisa daquelas cultivares mais produtivas em campo em teores de amido.

Dentre as cultivares locais, destacaram-se no sistema produtivo praticado na comunidade do Curicaca a Taioqueira apresentou as maiores produtividades com 7.378 kg./ha de amido. No Sistema do Piquiazal tem-se a cultivar Rocha com 10.499 kg./ha, a cultivar Macaxeira Parentins com 10.234 kg.ha e a Pai Lourenço com 9.089 kg./ha em concentações de amido. Na Fazenda Bela Vista a cultivar Mulatinha destacou-se com a produtividade de 10.554 kg./ha de amido, sendo a única neste sistema que alcançou margens superiores a 10 ton./há. No sistema de produção praticado na comunidade do Camaipi a cultivar que se destacou foi a Rocha com 3.367 kg/ha de amido, muito inferior portanto as médias alcançadas nos demais sistemas, embora a mesma cultivar tenha alcançado mais de três vezes este valor no sistema praticado no Piquiazal, comunidade próxima ao Camaipi, portanto sujeita as mesmas ações climáticas e compartilhando as mesmas condições de solo.

As cultivares externas apresentaram no entanto grandes produtividades de amido nos diferentes sistemas de produções trabalhados. Na comunidade do Curicaca a cultivar externa Verdinha alcançou a produtividade de 12.988 kg/ha de amido, seguida pela cultivar Cigana Preta com 8.239 kg/ha de amido. No sistema de produção praticado no Piquiazal anotou-se as produções das cultivares 2002 35 com

14.442kg/ha, Caipira com 13.613 kg/há, Cigana Preta com 12.493 kg/há, Tapioqueira externa com 11.952 kg/ha e a Poti Branca com10.497 kg/ha. No Camaipi destacou-se a cultivar BGM 1685 – Caxá com 5.188 kg/ha e o sistema de produção praticado pela Fazenda Bela Vista conseguiu o maior número de cultivares com altos rendimentos destacando-se aqueles superiores a 10 ton./ha: Tapioqueira externa com 16.069 kg/ha, Caipira com 14.188 kg/ha, Verdinha com 12.942 kg/ha, Formosa com 11.946 Kg/ha, Cigana Preta com 11.216 kg/ha, Kiriris com 10.990 kg/ha, Poti Branca com 10.500 kg/ha, a 95 115-38 com 10.394 kg/ha e a cultivar 96 207-05 com 10.063 kg/ha.

As maiores médias produtivas entre as cultivares foram apresentadas pela Verdinha com 9.895 kg/ha, a Tapioqueira externa com 8.596 kg/ha, a Caipira com 8.431 kg/ha e a Cigana Preta com 8.051 kg/ha. Estas médias no entanto não refletem as produções dentro dos diversos sistemas produtivos, pois enquanto que há alguns onde se alcança até 16 ton de amido por hectare, outros conseguem pouco mais de 3 toneladas. Recomendações e indicações assim deve necessariamente considerar em que tipo de sistema serão cultivadas as manivas de mandioca para a produção de farinha, que é correlacionada diretamente com a porcentagem de amido presente.

6.2 Cursos e oficinas realizadas junto ao agricultores parceiros.

ANO 2017

Evento 01

Curso: Análises econômicas de sistemas de produção de mandioca manual e mecanizado.

Objetivo: A avaliação do rendimento econômico dos sistemas de cultivo de mandioca é essencial para a avaliação de rentabilidade e tomada de decisões pelos produtores. Neste processo de capacitação os indicadores econômicos considerados foram: receita bruta, margem bruta, receita liquida, relação benefício/custo, ponto de equilíbrio e custo unitário com o objetivo de avaliar os efeitos dos sistemas de produção manual e mecanizado além do uso de fileiras duplas no Sistema Bragantino.

Publico alvo: Extensionistas, Produtores rurais, Lideranças agrícolas multiplicadoras

Resumo: As potencialidades econômicas de um dado produto não podem prescindir de um entendimento das características microeconômicas e consequentemente dos aspectos relacionados com seus diferentes sistemas de produção. Estes indicadores econômicos são de vital importância, tanto para explicar o comportamento passado de um produto num mercado específico, como para dar suporte aos cenários prospectivos eventualmente traçados considerando-se seu comportamento futuro, principalmente neste momento em que a cultura da mandioca no estado do Amapá inicia uma nova fase de alavancagem com a entrada de novos atores no processo produtivo na forma de agroindústrias transformadoras que buscam a compra da raiz in natura para realizar a sua transformação em farinha.

Foram realizados cursos de capacitações econômicas de forma pratica junto as comunidades buscando levantar em cada um de seus aspectos produtivos e de rendimentos, de forma a se obter com certa precisão e especificidade os custos e rendimentos da cultura da mandioca nos dois sistemas e métodos mais praticados por estas comunidades. Desta forma conseguiu se obter informações sobre os rendimentos econômicos da produção de farinha e das opções sobre a venda direta da raiz. Obteve-se para cada comunidade os valores de receita bruta, margem bruta, receita liquida, relação benefício/custo, ponto de equilíbrio e custo unitário

Local	Comunidade Curicaca / município de Itaubal
Período	28 outubro 2017
Local	Comunidade do Carvão / município de Mazagão
Período	06 outubro 2017
Local	Comunidade Quilombola do Mel da Pedreira
Período	21 outubro 2017
Local	Comunidade Tracajatuba II / Distr. S. J. Pacui / município Macapá
Período	14 outubro 2017
Local	Comunidade do Piquiazal / município de Mazagão
Período	07 outubro 2017

Evento 02

Curso: Multiplicação rápida de manivas – Tecnologia Reniva.

Objetivo: Devido à grande dificuldade em se conseguir materiais propagativos recomendados ou indicados em quantidades para o aumento das áreas plantadas este curso teórico/pratico capacitou os agricultores em técnicas de multiplicação de manivas de forma rápida e que possibilitem a obtenção de maiores quantidades de materiais para que possam ser utilizadas em novos plantios.

Publico alvo: Extensionistas, Produtores rurais, Lideranças agrícolas multiplicadoras

Resmo: A mandiocultura amapaense está sendo revitalizada e fortalecida com a entrada de novos atores especializados na transformação das raízes de mandioca em farinha e amido. Apesar de existirem cultivares recomendados pela Embrapa Amapá de mandiocas com alto rendimento em farinha e produtividade em campo há grande dificuldade na obtenção de materiais em quantidade suficiente para atender a todos os agricultores do estado. Esta escassez decorre da própria característica dessa planta, que pelo sistema tradicional de plantio gera apenas cerca de dez manivas-sementes por planta por ano. Com poucas sementes para plantar, a produção do agricultor familiar acaba sendo pequena e quando algum fator desestabiliza a plantação, essas poucas sementes podem morrer, prejudicando ainda mais a produtividade e a produção do agricultor.

Com as técnicas de multiplicação rápida de manivas de mandioca de boa qualidade, o objetivo da Embrapa é promover a formação de multiplicadores (técnicos e agricultores) das comunidades atendidas em tecnologias que consistem basicamente na indução à brotação e no enraizamento dos brotos das manivas, o que permite diminuir o tempo de obtenção de novas manivas de um ano para três meses e aumentar, após um ano, em 160% a quantidade de materiais disponíveis para os plantios.

Este processo é uma estratégia bem sucedida da Embrapa para promover efetivo ganho de qualidade e produtividade no sistema de produção da mandioca, ao proporcionar maior sustentabilidade para esta cultura pela disponibilização de manivas em quantidades suficiente e nos períodos de maiores demandas.

Local	Comunidade Curicaca, município de Itaubal
Período	29 setembro 2017
Local	Comunidade do Carvão, município de Mazagão
Período	08 setembro 2017
Periodo	05 outubro 2017
Local	Comunidade Quilombola do Mel da Pedreira, município de Macapá
Período	23 setembro 2017
Local	Comunidade Tracajatuba II / Distr. S. J. Pacui, município Macapá
Período	16 setembro 2017
Local	Comunidade do Piquiazal, município de Mazagão
Período	09 setembro 2017

Evento 03

Curso: Pragas e doenças da cultura da mandioca.

Objetivo: Demonstrar aos agricultores familiares quais as principais pragas e doenças que cometem a cultura da mandioca na comunidade e capacitá-los a identificá-las e proceder a melhor forma de adoção de medidas de controle.

Publico alvo: Extensionistas, Produtores rurais, Lideranças agrícolas multiplicadoras

Resumo: Embora as pragas e doenças que atacam a cultura da mandioca são praticamente as mesmas em todo o território nacional, existem particularidades muito especificas em cada região e, mesmo dentro de um estado pequeno como o Amapá, existem entre as diversas comunidades ocorrências distintas de pragas e doenças, muitas delas associadas a sistemas diferenciados de produção, microclima e até mesmo condições particulares dos solos locais.

As principais pragas que atacam a mandioca na comunidade do Carvão, no município de Mazagão, são o Mandarová e atualmente a mosca das galhas. Busca-se neste curso apresentar os ciclos de vida destes dois insetos, de forma teórica e pratica e suas formas de controle além das demais pragas e doenças de importância econômica que afetam os rendimentos produtivos da cultura.

Foram abordadas aspectos de ataque e controle das pragas: Mandarová - Erinnyis ello,

Percevejo-de-renda - Vatiga sp., Moscas Brancas, Cochonilhas da parte aérea da planta,

Cochonilhas da Raiz, Ácaros, Tripes, Besouro Congo ou Migdolus, Broca da haste, Insetos – Pragas ocasionais: Formigas, Cupins, Mosca das galhas, Mosca do broto, Recomendações Gerais para o manejo de pragas na cultura da mandioca, e Inimigos Naturais do Insetos Pragas. Na parte de Doenças foram abordadas: Antracnose, Bacteriose, Superalongamento, Virose, Podridão de raízes, Murchamento, Ferrugem, Oidio

Mosaico

Local	Comunidade Curicaca, município de Itaubal
Período	18 agosto 2017
Local	Comunidade do Carvão, município de Mazagão
Período	04 agosto 2017
Local	Comunidade Quilombola do Mel da Pedreira
Período	16 agosto 2017
Local	Comunidade Tracajatuba II / Distr. S. J. Pacui, município Macapá
Período	19 agosto 2017
Local	Comunidade do Piquiazal, município de Mazagão
Período	05 agosto 2017

ANO 2018

Evento 05

Seminário: Mandiocultura no Amapá

Objetivo: Realização de palestras para técnicos extensionistas da RURAP e agricultores familiares produtores de mandioca Difusão de informações sobre a cultura da mandioca

Local: Embrapa Amapá

Publico alvo: Extensionistas, Produtores rurais, alunos das EFA do estado do Amapá, alunos da Unifap campus Mazagão, Lideranças agrícolas multiplicadoras

Obs: O Sebrae proporcionou transporte das diversas localidades ao evento a todos aqueles participantes do projeto "Seleção participativa ."

Data	Horário		Evento	Responsável
	Início	Fim		
05/jun	08:00	08:30	**Abertura da Programação**	Autoridades (Sebrae/Embrapa/GEA)
	08:30	10:00	**Mini curso**: MANEJO TÉCNICO DE SOLOS PARA O CULTIVO DE MANDIOCA	Manoel da Silva Cravo - Embrapa Belém
	10:00	10:15	**Intervalo**	
	10:15	12:00	**Mini curso**: MANEJO TÉCNICO DE SOLOS PARA O CULTIVO DE MANDIOCA (cont)	Manoel da Silva Cravo - Embrapa Belém
	12:00	14:00	**Almoço**	
	14:00	16:00	**Mini curso**: Plantas danihas de importancia economica na cultura da Mandioca	Luis Wagner - Embrapa amapá
	16:00	16:15	**Intervalo**	
	16:00	18:00	**Mini curso**: Insetos pragas de importancia economica na cultura da mandioca	Adriano Marini - Embrapa amapá
06/jun	08:00	10:00	**Mini curso**: Roça sem fogo e o Trio da Produtividade da Mandioca.	Moises de Souza Modesto - Embrapa Belém
	10:00	10:15	**Intervalo**	
	10:15	12:00	**Mini curso**: Roça sem fogo e o Trio da Produtividade da Mandioca.	Moises de Souza Modesto - Embrapa Belém
	12:00	14:00	**Almoço**	
	14:00	16:00	Mini curso: Multiplicação rapida de manivas e produção de manivas para comercialização	Benedito Dutra - Profissional da área
	16:00	16:15	**Intervalo**	

Data	Horário		Evento	Responsável
	Início	Fim		
	16:15	18:00	Mini curso: Multiplicação rapida de manivas e produção de manivas para comercialização	Benedito Dutra - Profissional da área

Data	Horário		Evento	Responsável
	Início	Fim		
07/jun	08:30	09:00	**Palestra de abertura do Seminário**	**Autoridades (Sebrae/Embrapa /GEA)**
			TECNOLOGIA	
	09:00	10:20	**Palestra**: USO DE TECNOLOGIAS NO CULTIVO DE MANDIOCA: AUMENTO DA PRODUTIVIDADE E DIMINUIÇÃO DO IMPACTO AMBIENTAL	Manoel da Silva Cravo - Embrapa belém
	10:20	10:30	**Intervalo**	
	10:30	12:00	**Palestra**: CULTIVO MECANIZADO DE MANDIOCA E ALTERNATIVAS DE CONSÓRCIOS	Manoel da Silva Cravo - Embrapa belém
	12:00	14:00	**Almoço**	
			MERCADO E LEGISLAÇAO	
	14:00	15:00	**Palestra**: Cenário e Mercados da Mandiocultura	José Adriano Marini - Embrapa Amapá
	15:00	16:45	**Palestra**: Projeto de Agroindústria de Farinha e Estudo de caso de agroindustria de folha da maniva e tucupi.	Moises de Souza Modesto - Embrapa Belém
	16:45	17:00	**Intervalo**	
	17:00	18:00	**Palestra**: Registro e rotulagem de estabelecimentos e produtos Agropecuários	Walterly Pagliarini - Diagro Amapá
			TECNOLOGIA	
08/jun	08:00	09:30	**Palestra**: Roça sem fogo e Trio da Produtividade da Mandioca	Moises de Souza Modesto - Embrapa Belém
	09:30	10:30	**Palestra**: Seleção de Cultivares de Mandioca	José Adriano Marini - Embrapa Amapá
	10:30	10:45	**Intervalo**	
	10:45	12:00	**Caso de Sucesso**: A produção de manivas para comercialização	Benedito Dutra - Produtor
	12:00	14:00	**Almoço**	
			CREDITO	

14:00	16:00	Mesa Redonda: Crédito Agrícola	BNDES/AFAP, BASA/BB
16:00	16:15	**Intervalo**	
16:15	18:00	Mesa Redonda: Crédito Agrícola (Cont.)	BNDES/AFAP, BASA/BB
18:00	19:00	**Encerramento**	Autoridades (Sebrae/Embrapa /GEA)

ANO 2019

Evento 06

Oficina Teórica: Seleção Participativa de materiais geneticamente superiores de mandioca.

Objetivo: Nivelamento sobre a cultura da mandioca e a metodologia de pesquisa participativa com os produtores e técnicos de cada comunidade selecionada para que compreendam o processo como um todo. Padronizar técnicas de avaliações quantitativas para selecionar, de forma participativa com os agricultores familiares, variedades de mandioca superiores qualitativa e quantitativamente, adaptadas aos sistemas de produção da agricultura familiar e que atenda as demandas quantitativas do mercado local.

Publico alvo: Extensionistas, Produtores rurais, alunos das EFA do estado do Amapá, alunos da Unifap campus Mazagão, Lideranças agrícolas multiplicadoras

Resumo: As avaliações são feitas ao longo do ciclo da cultura e no momento da colheita (avaliações finais). Esta oficina consistiu de orientações sobre dois tipos de avaliações que ocorrem no final dos ciclos:

a. Avaliações quantitativas

São aquelas que expressam as medidas objetivas de parâmetros indicadores dos efeitos dos fatores de produção sobre as variedades que estão sendo testadas.

Avaliam:

- capacidade de brotação
- ocorrência de pragas
- ocorrência de doenças
- plantas aptas para colheita (stand)
- altura da planta
- altura da primeira ramificação
- peso total da parte aérea
- número de raízes por planta
- número de raízes comerciais
- peso das raízes comerciais
- peso total das raízes por variedade
- teor de amido das raízes por variedade
- rendimento em farinha por variedade

b. Avaliações qualitativas

São as avaliações classificadas como subjetivas, que expressam a qualidade dos materiais que estão sendo testados. Serão feitas na época da colheita.

São avaliados nesta fase:

- ordem de preferência pelos agricultores
- tombamento em campo
- tipo de distribuição de raízes
- facilidade de colheita
- cor do córtex da raiz

- cor da polpa da raiz
- soltura da película da raiz
- facilidade de descascamento da raiz
- forma da raiz
- constrições da raiz

Local	Escola Família Agrícola de São Joaquim do Pacui / Macapá
Período	04 abril 2019
Local	Escola Família Agrícola do Carvão, Mazagão
Período	02 abril 2019
Local	Escola Família Agrícola do Cedro, Tartarugalzinho
Período	05 abril 2019
Local	Universidade Federal do Amapá – campus Mazagão
Período	03 abril 2019

Evento 07

Oficina Prática: Dia de Campo e Oficina Prática de Seleção Participativa de materiais geneticamente superiores de mandioca.

Objetivo: Selecionar, de forma participativa com os agricultores familiares, variedades de mandioca superiores qualitativa e quantitativamente, adaptadas aos sistemas de produção da agricultura familiar e que atenda as demandas quantitativas do mercado local.

Publico alvo: Extensionistas, Produtores rurais, alunos das EFA do estado do Amapá, alunos da Unifap campus Mazagão, Lideranças agrícolas multiplicadoras

Na Oficina do dia 23 estiveram presentes para a Segunda Parte da

Oficina de Seleção Participativa os alunos da Escola Família Agrícola da Comunidade do Carvão e da Universidade Federal do Amapá – campus Mazagão.

Na Oficina do dia 25 estiveram presentes para a Segunda Parte da Oficina de Seleção Participativa os alunos da Escola Família Agrícola do distrito de São Joaquim do Pacui.

Resumo: Essa metodologia proporcionou a participação efetiva dos agricultores, extensionistas e pesquisadores na seleção de variedades para cada região, além de favorecer o intercâmbio de experiências entre produtores, pesquisadores e extensionistas, aumentando a probabilidade de uso de variedades selecionadas e possibilitando o treinamento dos produtores em novas técnicas de cultivo.

Foram assim selecionadas variedades de mandioca geneticamente superiores na produção de raízes e no rendimento em farinha (verificado pela relação direta com a porcentagem de amido presentes nas cultivares) e adaptados as condições de produção características dos agricultores familiares e as condições edafoclimaticas locais.

Local	Propriedade do Sr "Camaleão", comunidade do Piquiazal, município de Mazagão
Período	23 abril 2019
Local	Propriedade do Sr. "Diniz", comunidade do Camaipi, municípío de Mazagão
Período	24 abril 2019
Local	Propriedade do Sr. " Tolosa", comunidade do Curicaca, municípío de Itaubal

Período	25 abril 2019
Local	Propriedade do Sr. "Eliel", assentamento Itaubal, município de Itaubal
Período	26 abril 2019

Evento 08

Palestras de restituição: Apresentação dos resultados finais..

Objetivo: Palestras nas Escolas Familias Agricolas para os alunos, que foram parceiros neste projeto, aos agricultores e extensionistas que participaram ativamente dos processos de seleção, apresentando os resultados gerais obtidos com o projeto, destacando-se os sistemas de produção trabalhados, as cultivares que mais se destacaram em cada sistema na produção de raízes e no rendimento em farinha (analisado por sua relação com a porcentagem de amido presentes nas raízes) e criação de campos de multiplicação das cultivares destacadas para que forneçam manivas para os próximos plantios, possibilitando a adoção daquelas geneticamente superiores e consequentemente melhorias na qualidade de vida destes agricultores através de aumento no rendimento e comercialização da farinha de mandioca nos mercados.

Publico alvo: Extensionistas, Produtores rurais, alunos das EFA do estado do Amapá, alunos da Unifap campus Mazagão, Lideranças agrícolas multiplicadoras

Local	Escola Família Agrícola de São Joaquim do Pacui, Macapá
Período	08 agosto 2019
Local	Escola Família Agrícola do Carvão, Mazagão
Período	09 agosto 2019
Local	Escola Família Agrícola do Cedro, Tartarugalzinho
Período	10 agosto 2019

Evento 09:

Dia de Campo: Apresentação através de atividades práticas das principais cultivares geneticamente superiores de mandioca para o estado do Amapá

Publico alvo: Extensionistas, Produtores rurais, alunos das EFA do estado do Amapá, alunos da Unifap campus Mazagão, Lideranças agrícolas multiplicadoras.

Neste Dia de Campo estiveram presentes para a Segunda Parte (parte prática) da Oficina de Seleção Participativa os alunos da Escola Família Agrícola da Comunidade do Cedro.

Local	Propriedade do Sr "José Paterno", município de Mazagão
Período	27 abril 2019

SOBRE O AUTOR

José Adriano Marini, paulista de São José do Rio Preto, Engenheiro Agrônomo pela Universidade Estadual Paulista - UNESP, Mestre em Engenharia Agrícola pela Universidade Estadual de Campinas – Unicamp, Mestre em Planejamento do Desenvolvimento pela Universidade Federal do Pará – UFPa e Doutor em Desenvolvimento Sócio Ambiental pela Universidade Federal do Pará – UFPa. Atualmente é pesquisador nas áreas de Agricultura Familiar e Sócio Economia da EMBRAPA. Também é autor dos best-sellers Os Canais de Comercialização: frutas do Salgado Paraense; Diversidade e Estilos de Agricultura Familiar e Efeito das políticas públicas sobre a agricultura familiar, além dos livros elogiados pela imprensa: Imigranti: crônicas de um Brasil paulista, Coronelzinho: histórias dos sertões paulista, da trilogia Mon, Petit, L´amour, Em Nome do Pai e Veroneza: receitas de uma imigrante italiana.

OUTRAS OBRAS DO AUTOR

As relações de mercado existentes para os principais frutos produzidos na região do Salgado Paraense pela agricultura familiar permitirá estabelecer linhas norteadoras ao desenvolvimento rural, procurando estabelecer uma maior integração entre aqueles produtores e o mercado final de seus produtos

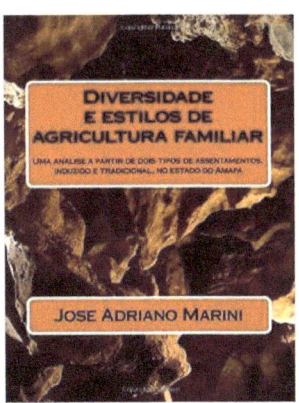

O ponto referencial desta análise são os agricultores familiares dos assentamentos rurais induzidos do Estado do Amapá, suas praticas agrícolas e suas interações com o meio em que estão inseridos, tendo como contraposição os assentamentos tradicionais do Estado do Amapá.

Este estudo relata as diversas formas de auxilio fornecidos pelos governos federal e estadual do Amapá aos agricultores familiares e seus impactos na renda familiar e na produtividade agrícola.

Logística é o processo de gerir estrategicamente a aquisição, movimentação e estocagem de materiais, partes e produtos acabados (com os correspondentes fluxos de informações) através da organização e de seus canais de marketing, para satisfazer as ordens da forma mais efetiva em custos

Gestão Ambiental é o conjunto de metodologias e práticas, que concorrem para a preservação da qualidade do meio ambiente saudável. Promove a elaboração de alternativas de gestão ambiental, que constituem modelos de desenvolvimento estruturados no controle social da produção e no respeito ao meio ambiente.

Coronelzinho relata a saga de uma tradicional família dos sertões paulista, suas intrincadas relações com os bandoleiros e a sociedade da época e seus desfechos surpreendentes

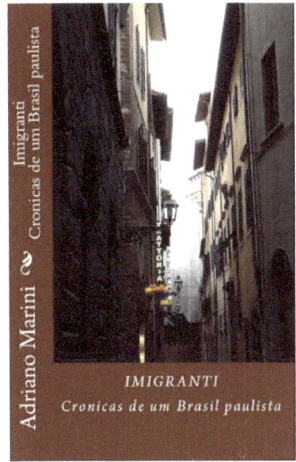

Imigranti relata a saga dos primeiros italianos que partiram de seu pais para ajudarem a construir o Brasil, contando a história de uma família que fugiu da fome do Século XIX para se aventurar e construir com sua coragem e dedicação o próspero Estado de São Paulo.

Em Nome do Filho é a história de superação e conquistas de um compositor na Alemanha Nazista, sua tentativa para salvar uma família de judeus do holocausto e a superação para conquistar seu grande sonho.

Mon PETIT Amour é uma linda e envolvente história erótica sobre o amor vivo e sem fronteiras. Vale a pena mergulhar neste mundo de aventuras vividos por um casal no sul da Itália.

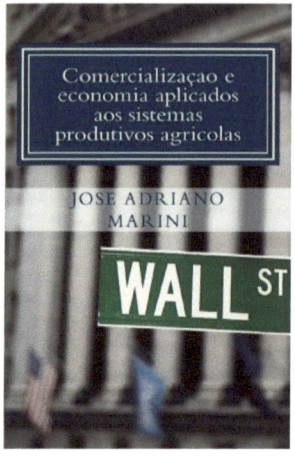

Este livro apresenta os principais mecanismos de comercialização utilizados em sistemas agrícolas e agroindustriais possibilitando assim a elaboração de estratégias de comercialização. Também apresenta procedimentos para analises de mercados de futuros e de opções, utilizados para a redução do risco de preços.

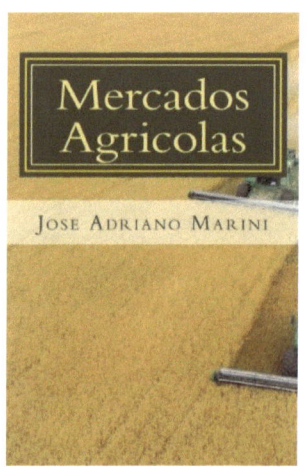

Mercados é a esfera de influência onde ocorrem as transações comerciais, e constitui parte integrante dos diferentes processos por meio dos quais se transfere a propriedade dos bens e serviços.

Um sistema agroindustrial deve ser gerido de forma eficiente e eficaz. A eficiência de um sistema agroindustrial pode ser entendida como a capacidade que ele possui de atender às necessidades do consumidor. Para isso, é fundamental que todos os agentes que o compõem conheçam profundamente os atributos de qualidade que os consumidores buscam nos produtos e serviços disponibilizados por este mesmo sistema

Para os pequenos agricultores de mandioca, que se dedicam à agricultura de subsistência, ocupam áreas marginais e têm pouco ou nenhum acesso a novas tecnologias, os programas de melhoramento convencional não têm demonstrado os impactos desejados pela pesquisa. Este livro vai orientar como se proceder a técnicas de melhoramento da cultura de forma que seja aceita e adotada por todos os agricultores

www.ingramcontent.com/pod-product-compliance
Lightning Source LLC
Chambersburg PA
CBHW040358220526
45473CB00018B/33